I0035213

MONOGRAPHIE

DE

L'ERYTHROXYLON COCA,

PAR

L.-A. GOSSE (DE GENÈVE),

DOCTEUR EN MÉDECINE.
OFFICIER DE L'ORDRE DE LÉOPOLD,
CHEVALIER DES ORDRES DU SAUVEUR ET DE LA ROSE, OFFICIER
DE L'ARISTÏON.
MEMBRE DE PLUSIEURS SOCIÉTÉS SAVANTES.

———

(*Présentée à l'Académie royale de Belgique, le 5 mai 1861.*)

BRUXELLES,

M. HAYEZ, IMPRIMEUR DE L'ACADÉMIE ROYALE DE BELGIQUE.

1861.

(Extrait du tome XII des *Mémoires de l'Académie royale de Belgique.*)

INTRODUCTION.

Le règne végétal fournit à l'homme, non-seulement les ressources alimentaires les plus variées et les plus nombreuses, mais il lui offre des moyens aussi simples qu'efficaces pour remédier aux privations les plus pénibles et pour combattre les maux les plus rebelles.

Partout, dans tous les temps, l'expérience lui a enseigné que certains principes contenus dans les plantes, et employés avec jugement et modération, peuvent agir d'une manière favorable sur sa constitution, contribuer au maintien de sa santé en soutenant ses forces, et lui permettre de lutter avec avantage contre les causes nuisibles, locales ou générales, qui tendent sans cesse à transformer la matière organique vivante.

De là l'emploi généralement répandu des boissons fermentées, et dont malheureusement l'abus est si souvent rapproché de l'usage; de là le recours à des plantes dont les qualités stimulantes agissent sur le système nerveux, préviennent les déperditions incessantes et permettent, jusqu'à un certain point, de supporter la faim, la soif, le froid, l'humidité, les émanations marécageuses, etc., sans crainte d'affaiblir le système musculaire ni les fonctions digestives, mais dont l'action spéciale, portée trop loin chez quelques-unes d'entre elles, peut, comme celle des boissons fermentées, troubler temporairement l'harmonie des fonctions du cerveau.

Parmi les moins connues qui se trouvent dans ce cas, nous

distinguons en particulier le *Cath*, arbuste d'Abyssinie et du Yémen, dont les bourgeons et les feuilles font·les délices des indigènes, tout en leur permettant de parcourir de grands espaces sans avoir sommeil et sans prendre de nourriture; le *Peiotl*, plante du Mexique qui paraît agir d'une manière analogue, quoique plus intense, et enfin les feuilles de l'*Erythroxylon coca*, arbrisseau du Pérou, dont les qualités remarquables ont été constatées sur place par de nombreux témoins et des observateurs intelligents.

Appelé accidentellement à m'occuper de ce dernier sujet, dans la Société anthropologique de Paris, je fus frappé de la variété et de l'importance des résultats qu'il présentait, et je résolus d'en poursuivre l'investigation. En conséquence, j'étudiai les relations de voyage, me mis en rapport avec des personnes qui avaient été sur les lieux, avec des médecins expérimentateurs, des analystes consciencieux, des botanistes distingués, qui pouvaient me guider dans les recherches variées auxquelles j'étais conduit; je profitai en outre d'une petite quantité de feuilles de coca, apportée du Pérou par M. Roehn, et mise obligeamment à ma disposition par M. Isidore Geoffroy St-Hilaire, président de la Société impériale d'acclimatation, pour m'assurer de leur état de conservation et pour chercher à faire répéter sur cette substance, si cela était possible, les expériences sommaires de chimie, de physiologie et de thérapeutique, proclamées ailleurs. D'autre part, l'herbier du Muséum d'histoire naturelle de Paris m'a offert plusieurs bons échantillons, apportés par Dombey, Bonpland, Matthews et Poeppig, ce qui a facilité le contrôle et le complément de la description botanique de cet arbrisseau, et M. le docteur Weddell a bien voulu m'adresser quelques-uns des fruits qu'il avait recueillis dans son voyage.

A cette occasion, qu'il me soit permis aussi de témoigner ma reconnaissance à MM. Moquin-Tandon, professeur à l'École de médecine; Angrand, ancien consul général de France en Bolivie et au Guatémala; Claude Bernard, professeur au Collége de France; Wöhler, professeur à Göttingue; Mantegazza, professeur à Pavie; Ferdinand Denis, conservateur à la bibliothèque de

Sainte-Geneviève; Lemercier, sous-bibliothécaire au Muséum d'histoire naturelle; Terreil, aide de chimie au Muséum d'histoire naturelle, et au colonel Bolognesi, d'Arequipa, beau-frère du docteur Weddell.

Grâce à leur précieux et bienveillant concours, j'ai pu éclairer certains points controversés, et coopérer à l'emploi rationnel d'une plante dont l'efficacité ne me paraît pas douteuse, si les faits relatés se vérifient, et qui cependant avait été négligée jusque dans ces dernières années parmi nous.

Enfin, les documents que j'ai recueillis m'ont fait entrevoir comme possible, ou même probable, l'acclimatation de l'*Erythroxylon coca*, dans des régions moins lointaines, ou plus accessibles que celles où ce végétal a pris naissance, au cas où son importation en Europe prendrait du développement, et la Société impériale d'acclimatation de Paris s'est empressée de m'offrir son appui pour atteindre ce but.

C'est l'exposé de ce travail que je me propose de mettre sous les yeux de l'Académie royale des sciences de Belgique, tout en regrettant que l'impossibilité de me procurer à Paris des provisions de coca de qualités non contestables, par suite de leur exposition prolongée à l'air libre, m'ait empêché d'en faire une étude plus complète et plus fructueuse.

MONOGRAPHIE

DE

L'ERYTHROXYLON COCA.

CHAPITRE PREMIER.

HISTORIQUE.

—

L'histoire de la coca remonte à une époque fort ancienne, puisqu'elle date vraisemblablement de l'arrivée des Incas au Pérou et qu'on n'est pas encore fixé sur ce dernier événement.

Dans tous les cas, nous la voyons cultivée et employée sous le règne de ces chefs civilisateurs, bien avant la conquête des Espagnols, quoique sur une moindre échelle que plus tard.

Alors, en effet, les Incas avaient accaparé le monopole exclusif de cette plante, et eux seuls ou leurs familles pouvaient en faire usage. Quant aux nobles et aux *Curacas*, ils obtenaient parfois la faveur d'y participer par l'envoi qu'on leur faisait de provisions de coca, et les chefs indiens, qui se soumettaient volontairement aux armes de l'empire, recevaient, en qualité de présent, de petites quantités de la précieuse feuille. Ainsi, Herrera nous apprend que lorsque les chefs de Bombon, de Yayo, d'Apurima et de Tamara se soumirent à Tupac-Inca-Yupanquy, il leur fit présent, comme preuve de sa bienveillance, de balles de coca, de riches tissus et de femmes.

Le préjugé de noblesse qui s'y rattachait était tel, que la femme de Mayta-Capac, quatrième Inca, porta le nom de *Mama-Cuca* (mère de la coca).

La caste des prêtres, liée intimement avec le régime absolu des souverains, ne pouvait rester étrangère à cette coutume. Aussi remarque-t-on qu'aucune cérémonie religieuse n'avait lieu sans qu'il y eût en même temps offrande et emploi de coca. Les augures ne consultaient jamais les oracles sans avoir des feuilles de coca à la bouche; sans elles on ne pensait pas pouvoir se rendre la divinité favorable, et les sacrifices solennels dans les fêtes du Capac-raymi, de l'Intiraymi, du Situaraymi et du Raymi Cantarayqui (Acosta, Herrera) n'avaient de valeur que lorsque les victimes en étaient couronnées et parfumées. La coca était même devenue un symbole de la divinité et un objet d'adoration de la part du peuple. C'est ce qui expliquerait pourquoi, au dire de M. de Castelnau, les figurines religieuses qu'on retrouve dans les anciens monuments de cette époque, présentent souvent une des joues renflées par une chique de feuilles de coca, et pourquoi le culte domestique des dieux lares ne pouvait s'en passer.

La masse des prolétaires soumis à une espèce de servage ou de socialisme despotique, était chargée de l'exploitation des cultures, sans pouvoir en profiter. Les *Curacas* envoyaient à cet effet des corvées d'Indiens avec leurs femmes pour cultiver les terrains des vallées chaudes, où cette plante prospérait exclusivement, et toutes les récoltes étaient soigneusement remises aux collecteurs gouvernementaux ou cléricaux, qui se nommaient *Mitimaes*.

Vers l'époque de la conquête du Pérou par les Espagnols, l'usage en était cependant devenu peu à peu assez général pour nécessiter une extension des cultures, ce qui, au dire de Garcilaso, engagea les Incas à entreprendre des expéditions lointaines, sur les versants orientaux des Andes, depuis la latitude de Cuzco jusqu'au point où cette chaîne est interrompue par la sortie de l'Apurimac, dans la région qu'habitaient les Antis et qu'on désignait sous le nom de *Montañas bravas de los Antis*, afin d'y établir de nouvelles colonies et de nouvelles plantations.

Les conquérants espagnols, malgré leur fanatisme religieux, ne cherchèrent pas d'abord à restreindre cette pratique populaire, et les essais qu'ils firent ensuite pour détruire les préjugés absurdes qui s'y rattachaient restèrent longtemps vains et infructueux. Ils ne balancèrent même pas à mettre à profit la passion des Indiens pour la coca, ou le besoin qu'ils en éprouvaient, pour s'enrichir à leurs dépens. Dans certaines localités, les populations leur payaient en nature, avec de la coca, les impôts auxquels elles étaient soumises. Ailleurs, ils s'adjugèrent les plantations qui avaient appartenu aux Incas, en fondèrent de nouvelles et continuèrent d'exploiter les malheureux Indiens des plateaux, pour cultiver ces terres, sans aucune rétribution et au prix de leur vie. On donnait alors le nom arbitraire de *repartimientos,* ou mieux *encomiendas,* à cette espèce de dotation militaire, en terrains et en serfs. Les produits en étaient revendus aux entrepreneurs de mines d'or ou d'argent, où d'autres infortunés Indiens étaient forcés de travailler sans relâche jour et nuit, au milieu d'émanations délétères et sans autre moyen de résister, pendant un certain temps, à ces causes de mortalité, qu'à l'aide de la coca. C'est ainsi que plusieurs Espagnols parvinrent à se créer des fortunes colossales. Garcilaso cite à cette occasion le fait de certains propriétaires de Guamanga, qui, en 1548, retiraient annuellement de leurs plantations une rente de vingt mille à quarante mille piastres (100,000 à 200,000 francs).

Les militaires espagnols trouvèrent même dans ce trafic de tels avantages, qu'un grand nombre d'entre eux, en temps de paix, se contentèrent du bénéfice que leur procurait le métier de conducteurs de convois de coca, des plantations, sur les plateaux ou dans les mines.

Ce fut aussi l'époque où la culture et le commerce intérieur de la feuille de coca furent des plus florissants. Les mines de Potosi seules en absorbaient de quatre-vingt-dix à cent mille balles ou *cestos* de vingt-cinq livres espagnoles chacun, et rapportaient ainsi à l'administration provinciale un revenu annuel de cinq cent mille piastres (2,500,000 francs).

Mais les circonstances qui avaient engendré ou favorisé ce mouvement ne pouvaient se soutenir indéfiniment. L'infortunée population indienne des plateaux, décimée par les travaux pernicieux et incessants des mines et par le contraste funeste de la température élevée sur les versants orientaux des Andes, menaçait de s'éteindre dans un avenir peu éloigné.

Quelques vice-rois plus compatissants s'en émurent, et le gouvernement espagnol de la métropole chercha à y obvier en décrétant des ordonnances restrictives. Alonzo Solorzano nous apprend qu'il en parut successivement en 1560, 1563, 1567 et 1569, tendant à donner aux travaux dans les plantations le caractère d'un service volontaire et non forcé.

D'autre part, le clergé catholique, croyant entrevoir dans l'usage populaire de la coca la continuation des superstitions du paganisme, ou un instrument de sorcellerie, employa toute son influence pour le faire cesser.

Ces diverses causes amenèrent une diminution de la consommation dans le cours du dix-septième siècle, mais en même temps elles augmentaient la haine que portaient les Indiens à leurs oppresseurs, et le fisc s'apercevant du déficit que cela occasionnait dans ses revenus, cédant, en outre, aux intrigues des propriétaires, ferma les yeux sur l'exécution des ordonnances émanées de la couronne, et les foudres ecclésiastiques ne tardèrent pas à perdre tout leur prestige : seulement, au lieu d'Indiens forcément attachés à la glèbe, on n'employa que des ouvriers censés volontaires et rétribués, mais arbitrairement désignés par les alcades des villages, et les propriétaires se jetèrent dans des spéculations privées. Sous ce nouveau régime, nous voyons la consommation de la coca reprendre un nouvel essor, et, de 1785 à 1789, donner des résultats presque aussi satisfaisants que dans les plus beaux jours du seizième ou du dix-septième siècle.

Toutefois bien des abus persistèrent et même, dans le siècle actuel, la guerre de l'indépendance, en enlevant des bras à l'agriculture, en faisant chômer les mines et en ruinant les propriétaires, ne contribua pas à faire faire des progrès à cette branche de l'industrie.

De plus, les Indiens sauvages des plaines voisines des versants des Andes profitèrent de cette occasion pour envahir et détruire les propriétés cultivées sur un grand nombre de points; de leur côté, les Indiens des missions se rendirent indépendants du gouvernement central, et après s'être emparés des plantations de coca, les exploitèrent sans méthode et sans suite.

Les révolutions et les guerres intestines qui se sont succédé dès lors, soit en Bolivie, soit au Pérou, n'ont pas amélioré la situation des planteurs, et cependant par la force même des choses, la culture de la coca n'a pas cessé d'offrir un intérêt majeur et ne peut que devenir plus tard une des sources de prospérité de cette partie de l'Amérique du Sud.

CHAPITRE II.

ÉTUDE BOTANIQUE.

—

§ 1. — *Habitat.*

La plante dont je viens de tracer l'histoire paraît habiter les étages inférieurs et tempérés du versant oriental de la chaîne des Andes, depuis le dix-septième ou dix-huitième degré de latitude S. jusqu'au onzième degré de latitude N.

Toutefois les données que nous possédons à cet égard ne portent que sur la plante cultivée, et le lieu précis où elle croît à l'état sauvage est encore indéterminé. En effet tous les auteurs qui l'ont décrite n'ont connu que l'arbrisseau cultivé.

Joseph de Jussieu qui, en 1749, visita les versants est de la Cordillère de Coroïco, ne rapporta que des échantillons recueillis dans les plantations des Yungas : ce sont ceux qui existaient dans son herbier déposé au Muséum d'histoire naturelle de Paris.

La description de Lamarck a été formulée sur ces échantillons secs. La description et le dessin de Cavanilles sont tirés de la même source.

M. Martin de Bordeaux avait rapporté en Europe des échantillons également recueillis dans les plantations des Yungas; aussi le rapporteur de son mémoire sur la coca affirme-t-il qu'ils sont parfaitement en harmonie avec la description et le dessin de Cavanilles.

Hooker n'en a donné la description et le dessin qui l'accompagne que d'après des échantillons de l herbier de M. Matthew, recueillis dans les plantations de la vallée (*quebrada*) de Chinchao. Le docteur Unanué, ainsi que MM. de Martius, de Tschudy, Weddell, Stevenson, de Castelnau, etc., reconnaissent n'avoir étudié l'*Erythroxylon coca* que sur la plante cultivée.

Alcide d'Orbigny est un des premiers qui ait cru pouvoir fixer la localité où la coca croît à l'état sauvage, sans cependant nous donner une description de la plante. Voici sa relation. Lors de sa tournée dans la province de Valle-Grande en Bolivie, il se dirigea vers la chaîne de las Abras, gagna le Cerro Largo, puis arriva, le 10 novembre 1830, dans la vallée du Rio de Burgos, et remonta sur la côte de la Coronilla. Le lendemain, en parcourant la vallée qu'il dominait, il trouva le coteau couvert de coca. Craignant de se tromper, il la montra à son muletier, propriétaire d'une ferme où l'on cultivait cette plante dans la partie des Yungas que baigne le Yuracares, et qui la reconnaissant, comme lui-même, pour la véritable coca, en recueillit une bonne provision. La crête de la Coronilla, composée de grès et d'argile, appartient aux derniers contre-forts des Andes qui dominent les plaines chaudes et boisées de la province de Santa-Cruz; au-dessous on apercevait dans la profondeur le confluent du Rio de Laja et du Rio Projera qui forment le Rio Piray, lequel débouche dans la plaine de Santa-Cruz.

M. Villafane, ex-gouverneur d'Oran, dans la confédération Argentine, soutient aussi, dans une brochure publiée en 1857, avoir trouvé la coca sauvage dans les bois de ce district qui appartiennent à la province de Salta et l'avoir reconnue d'excellente qualité.

Le professeur Poeppig, tout en reconnaissant l'ignorance où l'on est du lieu où croit la coca sauvage, pense, de son côté, l'avoir découverte dans l'*Erythroxylon mama-cuca*, sur le Cerro de San-Cristobal, qui domine la rive du Huallaga, à quelques lieues au-dessous de Huanuco, environ vers le neuvième degré de latitude S., sans nier cependant que les graines aient pu y être transportées des plantations voisines par les oiseaux qui en mangent les fruits. Cette espèce d'*Erythroxylon* a en effet beaucoup de ressemblance avec l'arbrisseau de la coca cultivée, si l'on en juge par la description qu'en a donnée M. de Martius, d'après des échantillons recueillis par lui au Brésil, dans les environs d'Éga, près des rives de l'Amazone.

Quant à l'*Erythroxylon hondense* recueilli par Kunth dans la Nouvelle-Grenade et qu'on a voulu considérer comme le type originaire de la coca cultivée, il en diffère spécialement par la distribution des nervures des feuilles, qui, suivant Pyrame de Candolle, est *penninerve* au lieu d'être *aréolée :* aussi ce savant a-t-il placé l'*Erythroxylon hondense* et l'*Erythroxylon coca* dans deux sections différentes.

Sans entrer en discussion sur ces points de controverse botanique, nous ferons observer que, quoiqu'il soit en général fort difficile de déterminer les différences et les variations que peut introduire la culture dans les apparences, les qualités, et même dans l'organisation des plantes sauvages, témoin ce qui s'est passé pour nos arbres fruitiers et nos céréales cultivées, le caractère fondé sur la distribution des nervures des feuilles est moins sujet à varier que tout autre.

Si nous sommes dans l'incertitude sur le lieu d'origine de la coca sauvage, il n'en est pas de même de l'habitat de la coca cultivée.

En Bolivie, les plantations de coca (*cocales*) se dessinent sur les versants orientaux, boisés et chauds (*montañas*) des vallées Andines de la province de Cochabamba, vers le 17° latitude S. et le 68° longitude O. de Paris, là où le Rio *Espiritu Santo*, affluent du Mamoré, prend son origine. Puis viennent celles de la province de Yungas, au N. E. de la Paz, entre le 15° et le 16° lat. S., dont la capitale est Chulumani. Au dire du docteur Weddell, tous les versants de ces *montañas*, au-dessous d'une hauteur de deux mille deux cents mètres, en sont littéralement couverts. Au nord-ouest, nous les retrouvons dans la province de Larecaja, située entre le Rio Tipuani et le Rio Mapiri. Les cultures se prolongent dans la province de Caupolican, où se trouve la ville d'Apolobamba, qui s'étend du 14° au 13°45′ lat. S., et qui est limitée à l'ouest par la province péruvienne de Carabaya, au sud par celles de Muñeca et de Larecaja, et au nord par les Indiens indépendants.

Au Pérou, les plantations se succèdent d'abord plus à l'ouest, le long de la chaîne des Andes d'Apolobamba, de Carabaya et de Paucartambo, entre le 14° et le 12°40′ lat. S., dont dépendent une multitude de petites vallées intermédiaires, dans lesquelles sont établies les cultures. Ces *montañas* cultivées s'étendaient, du temps de la domination espagnole, jusqu'aux plaines basses qui portent le nom de *Pampa del Sacramento;* mais, depuis la guerre de l'indépendance, les Indiens sauvages ont envahi la civilisation péruvienne de manière à réduire les cultures régulières à l'extrême limite des terres tempérées. C'est là qu'est placé le village de Marcapata, au pied de la Cordillère de Vilcanota et à l'ouest de Carabaya. En continuant vers le nord on arrive à la grande vallée de Santa-Anna, visitée par MM. de Castelnau, Jose Valdez y Palacios et Grandidier, à travers laquelle coule le Rio Urubamba, et aux vallées latérales de Tampu, d'Umutu, d'Uiro, de Maranura, de Chinche, de Pintobamba, de Chahullaï, etc., peu éloignées les unes des autres. Les terres cultivées s'étendent jusqu'à la mission de Cocabambilla, par 12° lat. S., à l'endroit où la rivière d'Urubamba commence à être navigable pour les grandes pirogues. Cette vallée a été plus que toutes les autres à l'abri des incursions des Indiens sauvages. En remontant vers le nord-ouest, vis-à-vis de Huanta, se trouvent les *montañas* du même nom par le 14° lat. S., dont les plantations sont cultivées par les Indiens indépendants de Paucarbamba, mais qui portent leurs produits aux marchés voisins. Au nord de cette localité sont les *montañas* d'Ancon ou Anco, où l'on cultive également la coca. Ces deux dernières localités sont comprises entre le Rio Apurimac et le Rio Mantara, qui se réunissent au-dessous d'Ancon. Vis-à-vis et au nord-est de Jauja, vers le 12°35′ lat. S. sont placées les *montañas* de Huancayo, dont les principales vallées sont celles d'Uchubamba et d'Andaichagua. C'est de cette dernière que sort la rivière de Pangoa, tributaire de l'Apurimac. Vis-à-vis et à l'est de Tarma, au 12°55′ lat. S., se trouvent aussi les *montañas* de Vitoc, visitées par le docteur de Tschudy et que traverse le Rio-Chanchamayo. Autrefois les cultures s'étendaient jusqu'au fort de Soriano; mais, depuis la proclamation de l'indépendance, les Indiens ont expulsé les Péruviens, et exploitent eux-mêmes les cocaliers sans les cultiver. La vallée de Huanuco, au nord-est de Vitoc, par le 10° lat. S., traversée par le Huallaga, tributaire du Maragnon, est située au centre des *montañas* où l'on cultive la coca. C'est là qu'a résidé le professeur Poeppig et qu'il a fait ses principales observations. C'est à dix-huit lieues au-dessous de la ville de Huanuco, sur la rive gauche de la rivière, que s'ouvre la vallée de Chinchao, qui contient cent cinquante à cent soixante plantations et auprès de laquelle on remarque les *haciendas* de Pampayaco et de Cassapi. Vis-à-vis, sur la rive droite, florissait anciennement la plantation de Cuchero, maintenant abandonnée, et l'on y voit le bourg de Muna. Dans la province de Huamalies, du 10 1/2° au 9° lat. S., sont les missions du haut Huallaga, ou du haut Maynas, suivant la carte du professeur Poeppig, et les vallées de Mozon, de Toyma, d'Uchiza, de Tocache et de Sion, d'où les Indiens Cholons, à demi sauvages, apportent au marché de Pataz une certaine quantité de la coca qu'ils cultivent. Vis-à-vis, et à l'est de Pataz, s'étendent les missions beaucoup mieux connues du bas Huallaga, ou bas Maynas, là où se trouve le lieu nommé Lamas, dont les récoltes sont transportées aux marchés de Pataz et de Moyobamba.

Dans la république de l'Équateur, la culture de la coca avait été introduite, sans y prendre beaucoup de développement, dans les vallées du royaume de Quito, dans le Popayan (juridiction de Timana), vers le 2 1/2° latit. N. et 78 1/2 long. O. de Paris, et dans les vallées latérales du Rio-Cauca.

Enfin, dans la république de la Nouvelle-Grenade, des plantations de coca ont été établies, mais en petit nombre, dans la vallée de Upar, au pied de la chaîne de montagnes qui la sépare de la province de Santa-Marta de Maracaïbo, près de l'embouchure de la Magdalena, par le 11° lat. N. et le 76 $\frac{1}{2}$ long. O. de Paris : ce sont elles qui fournissent la coca dont font usage les Indiens Guarigos, leurs voisins de la plaine.

Quoique en général la coca ait été exploitée exclusivement le long de la chaîne orientale des Andes, ainsi que nous venons de le voir, il paraît que cette culture a aussi pénétré plus tard dans les plaines de l'empire du Brésil. M. de Martius nous apprend, en effet, qu'elle est établie dans les environs de Saint-Paul d'Olivenza et à Éga, sur le Rio-Solimoens. C'est là qu'il a étudié la plante cultivée qui nous occupe; mais, quoique acclimatée le long des affluents de l'Amazone, elle aurait, au dire du professeur Poeppig, modifié son apparence primitive, et aurait perdu une partie de ses propriétés, sous l'influence de cette température tropicale élevée.

A ma connaissance, je ne sache pas que la coca ait été cultivée ailleurs, ni en Asie, ni en Afrique, ni en Europe.

§ 2. — *Synonymie.*

Cuca *des Quichuas* . . . . Garcilaso, d. l. V, *Comment. real de los Incas* (1533). Trad. franç., p. 122.

Coca *des Espagnols.* . . . Monard, *Simpl. medicam* (1574).— Cieça, *Chron.*, p. 181 (1576). — Clus., *Exotic*, pp. 177 et 340 (1605).

Hayo *des Guarigos* . . . . Julian, *Dissert.* Unanué, *Dissert* (1794).

Ypadu *des Tupinis.* . . . Poeppig, *Reise*, II, p. 252 (1830). — Spix und Martius, *Reise* (1831). Avec planche.

Côca peruina. . . . . Hernandez, *Rar. med. Hisp. th.*, p. 302 (1551).

Coca occidentalis. . . . Fragoso, *Cat. simpl. med.* (1556).

Coca herba . . . . Benzon, *Hist. du nouv. monde* (1579). Trad. franç.

Myrto similis indica . . Bauhin, *Pinax*, p. 469 (1623).

Coca peruvianorum . . Johnston, *Hist. nat., de arb. et plant.* (1768).

Hierba cuca . . . . Ortega, *Res. hist.* (1769).

Erythroxylon . . . . . . Brown, *Jan*, p. 278 (1756).

Erythroxylum . . . . . . Linn., *Syst. plantar.* (1767).

Erythroxylon coca . . . Lamarck, *Dict.*, II, p. 393 (1786). — Cavanill., *Dissert*, p. 402 (1790). Avec planche CCXXIV.

Erythroxylon peruano. Unanué, *Dissert. in Merc. peruan*, p. 205 (1794). Avec planche.

Erythroxylum coca . . . De Candolle, *Prodrom*, I, p. 575 (1824).

Erythroxylum peruvianorum. Prescott, *Hist. Peru*, I, p. 140 (1847).

§ 3. — *Description.*

L'*Erythroxylon coca* est un arbrisseau de moyenne hauteur, de deux à huit pieds (6 à 22 décimètres), droit.

Racine rameuse, divisions obliques, terminées par des ramuscules ténus.

Tronc couvert d'une écorce rugueuse, devenant blanchâtre, très-rameux. Branches fendillées. Rameaux alternes, ouverts-redressés, quelquefois un peu fastigiés, d'un gris brunâtre, les plus jeunes très-écailleux, tuberculeux, verdâtres ou glaucescents.

Feuilles alternes, brièvement pétiolées, longues de quatre à dix cent., larges de vingt-sept à quarante-six mill., elliptiques, ordinairement un peu allongées, atténuées aux deux extrémités, aiguës, d'autres fois plus ou moins obtuses avec un petit mucrone, entières, glabres, lisses, brillantes sur les deux faces, d'un vert d'émeraude en dessus, plus pâles ou légèrement blanchâtres en dessous, molles, avec une nervure médiane fine et saillante, et deux lignes latérales très-légèrement saillantes, plus rapprochées de la nervure médiane que des bords [1]. Nervures latérales assez marquées quoique peu saillantes, alternes, nombreuses, très-ouvertes, très-fines, flexueuses et comme tortueuses à leurs extrémités. Nervules extrêmement déliées et très-réticulées-aréolées.

Stipules intrapétiolaires, au nombre de deux, ovales, triangulaires, subulées-pointues, offrant deux crêtes longitudinales, brunes, très-pâles sur les bords, persistantes après la chute des

---

[1] Ces lignes existent dans toutes les jeunes feuilles; elles s'effacent peu à peu, à mesure que l'organe grandit. Cependant elles persistent dans plusieurs feuilles adultes.

Quelques botanistes ont pris ces lignes pour des nervures. Ils se sont trompés. M. de Martius a constaté qu'elles sont le résultat du plissement des feuilles dans le bouton. Ce plissement est accompagné d'une sorte de pincement, qui fait relever le parenchyme et lui donne l'apparence d'une nervure très-étroite. L'analyse microscopique du tissu de ces lignes n'y montre ni fibres ni vaisseaux et confirme pleinement l'observation de M. de Martius.

2

feuilles, et formant sur les branches les saillies écailleuses dont il a été question plus haut.

Inflorescences naissant sur les rameaux, éparses, en groupes de deux à six, ou solitaires. Boutons ovoïdes, oblongs, en préfloraison quinconciale, tantôt dextrorse, tantôt sinistrorse.

Bractées petites, écailleuses, ovales ou triangulaires, semblables aux stipules, mais plus courtes. *Bractéoles* très-petites, triangulaires, membraneuses, nerveuses.

Fleurs nombreuses, petites, naissant sur les tubercules écailleux, portées par des pédoncules simples, de la même longueur et minces, d'un blanc jaunâtre, hermaphrodites.

Calice très-petit, marcescent, cinq sépales réunis inférieurement en un cône renversé, libres à la partie supérieure, où ils forment des lobes ovales-triangulaires, aigus, glabres, quelquefois glauques.

Corolle composée de cinq pétales égaux, alternant avec les sépales, ovales-oblongs, obtus, la nervure médiane terminée par une petite pointe, concaves, ondulés, offrant chacun, à sa base interne, une petite écaille (nectaire) membraneuse, couchée, arrivant jusqu'à la moitié du pétale, à peu près carrée, un peu subovale et sinueuse, denticulée au lobe antérieur, colorée.

Cupule (*urceolus stamineus*, Mart.) courte, membraneuse, comme tronquée supérieurement, offrant entre les filets des étamines des saillies dentiformes, obtuses.

Étamines au nombre de dix. Filaments de la longueur de la corolle, dressés, grêles, comprimés, subulés, rougeâtres, collés inférieurement et intérieurement contre la cupule. Anthères petites, ovales-cordiformes.

Pistil de la longueur des étamines. Ovaire supère, de la moitié plus court que la cupule, obové, à six angles, glabre, à trois loges, dont deux avortent. Ovule suspendu à l'axe, en forme de massue oblongue. Styles au nombre de trois, de la moitié de la longueur du filet, distincts jusqu'à la base, divergents, filiformes. Stigmates obtus, un peu capitulés.

Fruit. Drupe peu charnu (*muellu*), ovoïde-oblong, pointu, à six côtes obtuses, étant sec, mais ové-acuminé et lisse à l'état frais, entouré à sa base par le calice desséché. Péricarpe lisse, rougeâtre foncé à sa maturité, d'un brun foncé quand il est sec, à une seule loge et une seule graine.

Graine caryopse, proportionnellement plus courte que le fruit, un peu pointue à chaque extrémité, à six angles, dont trois alternes moins saillants, glabre, d'un roussâtre pâle. Tégument propre très-mince et très-adhérent. Albumen copieux, corné-farineux, blanc. Embryon central, droit, étroit, vert, à cotylédons plans, lancéolés, obtus, et à radicule supère présentant presque la moitié de la longueur de l'embryon, médiocrement épaisse, cylindrique, à peine plus étroite que les cotylédons [1].

§ 4. — *Classification.*

Linné range le genre *Erythroxylum* dans la *Décandrie trigynie.*

Lamarck le place dans la famille des *Nerpruns* (*Rhamnus*).

Jussieu en fait une *Malpighiacée.*

Kunth, dans le grand ouvrage de Humboldt et Bompland, en constitue une famille distincte, sous le nom d'*Érythroxylées.*

Cette famille est adoptée par de Candolle dans le premier volume de son *Prodrome.*

[1] Les planches de l'*Erythroxylon coca*, publiées jusqu'à ce jour par Cavanilles, Hooker, Unanué et de Martius, ne concordent pas entre elles dans quelques-unes de leurs parties, et aucune ne représente fidèlement les caractères des nervures de feuille que nous avons sous les yeux.

Il est évident que l'échantillon recueilli par Joseph de Jussieu et qui a servi de modèle à Cavanilles, avait été dépouillé d'une portion de ses feuilles par des cueillettes successives, ce qui explique l'apparence très-écailleuse et très-tuberculeuse de ses tiges terminales. Les nervures n'y sont pas figurées d'une manière exacte, les fruits représentés sont frais,;, et le bord des nectaires est entier.

Le dessin de Hooker, d'après l'échantillon rapporté par Matthews, ne donne pas non plus une idée exacte de la distribution aréolaire des nervures; les bractées ou bractéoles manquent à la base des pédoncules floraux, et le bord des nectaires est simplement bifurqué. Les fruits représentés sont secs.

Dans la gravure d'Unanué, la distribution des nervures est fautive, il y a

CHAPITRE III.

CULTURE.

—

§ 1. — *Culture en général.*

Le choix des localités pour la culture de l'*Erythroxylon coca* n'est pas une chose arbitraire ou accidentelle, mais une nécessité, si l'on tient à obtenir des résultats favorables.

En effet, indépendamment de la convenance de cultiver la coca, dans des lieux analogues à ceux où elle s'était développée à l'état sauvage, la culture artificielle de cet arbrisseau, sa domestication, s'il est permis d'appliquer cette épithète au règne végétal, exigeait des conditions atmosphériques et telluriques qui ne se rencontrent pas partout.

Un certain degré de température était indispensable pour la réussite. Aussi le professeur Poeppig, qui a résidé assez longtemps dans les plantations de coca ou *cocales*, comme on les appelle dans le pays, recommande-t-il le climat doux des montagnes inférieures des Andes, à une altitude de deux mille à cinq mille pieds (650 à 1,624 mètres) au-dessus de la mer, où le thermomètre indique une température de 15° C. et où les phénomènes météorologiques présentent une certaine régularité, plutôt que les localités ou trop basses ou trop élevées. Les anciennes pro-

absence complète de bractées et de bractéoles, et les détails anatomiques paraissent inexacts, puisque, sur dix étamines, cinq sont alternativement plus courtes que les autres.

Enfin, l'échantillon qui a servi de modèle à de Martius, recueilli au Brésil, a un port très-différent des autres; la végétation paraît en être plus vigoureuse, plus élancée; les tiges sont glabres, n'offrent que de rares bractées; aucun tubercule; les nervures ont une distribution symétrique qui n'existe pas dans la feuille de coca des Andes, et le bord des nectaires est beaucoup plus découpé que dans le dessin de Hooker.

vinces des Antis, à l'est de Cuzco, celle de Huanuco et la province des Yungas, en Bolivie, offrent spécialement cette condition favorable; aussi voyons-nous les plantations de coca y atteindre parfois un degré de prospérité exceptionnel.

Dans les lieux élevés, les arbrisseaux de coca sont plus chétifs, les feuilles y sont plus petites et le rendement moins considérable; car souvent on ne peut y faire qu'une récolte par année, et alors les frais absorbent tout le bénéfice.

Dans les lieux très-élevés, même dans le voisinage de l'Équateur, il se présente un autre inconvénient bien plus grave, ce sont les gelées pendant la nuit; or, rien ne nuit davantage à cette plante que le gel. C'est ce qui est arrivé dans la province de Huanuco, à une altitude de neuf mille pieds (2,923 mètres) : la ruine des plantations dans cette zone en a été la conséquence.

D'autre part, quoique l'*Erythroxylon coca* supporte les climats dont la température dépasse 20° C., et que même sa végétation y soit parfois plus exubérante, sa feuille y devient trop sèche, perd de ses qualités essentielles et est tout de suite reconnue et rejetée par l'amateur *coquero* expérimenté. Par cette raison, on ne la cultive déjà plus au Pérou dans la partie de la province de Maynas qui avoisine le confluent du Huallaga et du Marañon, et le petit nombre d'indigènes qui en font usage tirent leurs provisions des régions plus élevées.

Un certain degré d'humidité est une condition non moins importante que la première, soit qu'elle provienne de pluies abondantes, soit qu'on y supplée par un arrosement artificiel; mais cette humidité, tout en pénétrant largement le terrain et baignant les racines, ne doit pas être stagnante, et son écoulement prompt devient indispensable, si l'on ne veut pas voir dépérir les plantations. Un terrain marécageux, difficilement perméable, produit cet effet, en amenant la pourriture des racines. Aussi est-il convenable d'établir les plantations sur des terrains en pente, et, autant que possible, sur des pentes douces, plutôt que sur des pentes trop abruptes, quoiqu'il y ait moyen de remédier à cette dernière disposition.

L'influence des phénomènes électriques n'est point indifférente.

Les orages presque journaliers accompagnés de tonnerres et de pluie, loin de nuire à la coca, lui semblent plutôt favorables, et, comme cette influence se fait surtout sentir sur la végétation le long des chaînes de montagnes, on conçoit que sa culture doive être pratiquée dans ce genre de localités, de préférence aux plaines adjacentes.

La nature du terrain réagit également sur les résultats. L'arbrisseau de la coca se complaît dans un terrain meuble, siliceux et non calcaire. MM. Poeppig et Weddell en ont fait tous deux l'observation. — « Dans la vallée de Chinchao à Cuchero et Cassapit, » dit le premier, « les terrains ont une pente comparativement forte; mais le sol en est fertile, d'une argile rouge briqueté, contenant vraisemblablement du fer, qui paraîtrait être le même que celui du nord de Cuba, sur les hauteurs, aux environs de Matanzas, où l'on cultive le meilleur café, ou de la Vuelta de Abajo, près de la Havane, où l'on récolte les qualités les plus recherchées de tabac. Le terrain calcaire (*caliche*) qui prédomine dans les parties inférieures de la *quebrada* de Chinchao et qui recouvre, à demi délité, la surface du sol, est très-contraire à la culture de la coca; lorsqu'il n'est pas recouvert d'une couche de terre végétale ou argileuse, l'arbuste se rabougrit, pousse quelques branches noueuses, donne peu de feuilles et dépérit bientôt. »

Le docteur Weddell, de son côté, nous apprend que, dans les Yungas de Bolivie, le sol est presque partout composé d'une terre argilo-sablonneuse, assez douce au toucher, provenant de la décomposition des schistes ou des grés qui forment l'élément géologique principal des montagnes subandines. Le sol des cocaliers est, en un mot, formé par ce que nous appelons de la terre franche et normale, qui est celle de presque toutes les forêts vierges des Andes. De cette terre font partie intégrante les détritus organiques et les sels de potasse qui proviennent des forêts abattues et auxquelles on a mis le feu, pour y établir les plantations de coca, et l'importance d'un terrain riche en principes organiques est d'autant plus grande, que la plante est très-gourmande. Enfin, la disposition rameuse et oblique de ses racines délicates nous indique la valeur d'une terre légère et perméable, sans avoir besoin d'être très-profonde.

Nous le répétons, ces diverses conditions ne se rencontrent que dans certaines localités, et c'est ce qui explique la distribution fort inégale des plantations de coca le long des versants orientaux des Andes.

Les frais de premier établissement d'un cocalier au Pérou sont, au dire du professeur Poeppig, presque insignifiants comparés au gain que procure ce genre de culture, et pourraient être encore diminués par de sages mesures économiques, en même temps que le gain serait accru par l'industrie. Il en fournit un aperçu en parlant de ce genre de plantation qu'il a, comme je l'ai dit, étudié, en 1830, dans la vallée de Chinchao. On pouvait admettre alors qu'avec un bon aménagement et de l'économie, il suffisait d'un petit capital de fondation qui, à moins d'accidents imprévus, était remboursé au bout de six à sept ans, et, lorsque la plantation prospérait, le gain alors s'élevait à 45 p. c. du capital primitif. Ainsi, une plantation dont les frais généraux, pendant les vingt premiers mois, ne s'élevaient qu'à deux mille cinq cents piastres (12,500 francs), rapportait, treize mois plus tard, un revenu de mille sept cents piastres (8,500 francs). En effet, le planteur n'a pas à craindre l'absence totale de récolte, ni la baisse brusque des prix, et les pertes causées par la pluie ne sont jamais que partielles. Si, avec des chances aussi peu défavorables, les planteurs ne deviennent pas riches, cela ne peut tenir qu'à leur négligence et à leur vie dissipée.

Cependant il peut survenir exceptionnellement des désastres qui offrent beaucoup de gravité. Ainsi, au rapport d'Unanué, les plantations sont envahies, pendant certaines années, par des nuées de petits papillons (*ulos*), dont les chenilles attaquent et dévorent les feuilles. D'autres fois, surtout lorsque le cocalier est ancien, un insecte nommé *mougna* s'introduit dans le tronc et le fait dessécher.

M. Grandidier signale d'autres causes de mécompte dans la vallée de Santa-Ana. Ainsi, il survient parfois une maladie qu'on nomme *cupa*; lorsqu'elle se déclare, toute la plaine est infectée dans huit jours, la récolte est mauvaise, la feuille petite et amère et l'arbrisseau reste improductif l'année suivante. Les branches sont-elles surchargées de graines, elles touchent le sol et l'arbuste se dessèche promptement; en cet état, la graine se nomme *sarnancocllo* (graine de galle). Quelques propriétaires, au premier symptôme du mal, coupent l'arbuste au collet et réussissent à obtenir des rejetons et un nouveau cocalier.

La fourmi *cuqui* est également un animal très-dangereux pour la coca; elle coupe les feuilles, ronge l'écorce et détruit en une nuit une plantation entière. Un autre ennemi non moins redouté est un long ver de terre bleuâtre; il ronge la racine et fait périr la plante, qui est bientôt desséchée.

Il est vrai aussi que les exploitateurs n'ont plus maintenant les mêmes avantages que dans les premiers temps de la domination espagnole. A cette époque, comme nous l'avons fait observer, non-seulement les terrains leur étaient concédés gratuitement, mais les ouvriers ne leur coûtaient guère que l'entretien; car les malheureux Indiens étaient forcés de leur servir d'esclaves sans rétribution et étaient remplacés à mesure qu'ils succombaient. Actuellement il faut acheter le terrain, se soumettre aux caprices souvent vexatoires des autorités et parfois à leur vénalité, et, de plus, distribuer aux ouvriers une paye qui, suivant M. de Castelnau, s'élevait, en 1846, à 1 fr. 50 c. par jour. Il n'est pas même toujours facile de se procurer à ces prix des ouvriers actifs et intelligents; car les Indiens des plateaux, naturellement indolents et de plus énervés par le climat chaud et humide où ils sont transportés, ne se prêtent pas volontiers à des travaux qui, dans un moment donné, sont assez fatigants et exigent des soins de tous les jours. Aussi est-on souvent obligé d'avoir recours à des artifices pour les forcer à s'endetter et à suivre le service jusqu'à l'extinction de leur dette.

D'autres fois on est dans la nécessité d'aller au loin pour en rassembler un certain nombre et d'appeler à son aide les autorités gouvernementales et municipales, pour obtenir que ces espèces d'enrôlés, soi-disant volontaires, consentent à passer des contrats avec les propriétaires.

Lorsque M. de Castelnau parcourut les vallées de Santa-Ana, il compta jusqu'à deux cent trente Indiens, dont cent trente femmes, occupés à la récolte de coca du mois d'août dans la seule *hacienda* d'Uïru.

M. Grandidier, qui visita, en 1858, la même vallée de Santa-Ana, fait des réflexions analogues sur les difficultés qu'éprouvaient les propriétaires. « Chaque *hacienda*, » dit-il, « possède ses ouvriers, son contingent de travailleurs; le manque de bras et la difficulté de s'en procurer sont une des plaies du pays et une des plus grandes entraves qui ont jusqu'à ce jour empêché la culture de prendre tout le développement dont elle est susceptible. Quand un propriétaire d'hacienda a besoin d'ouvriers, il s'adresse à la province voisine, qui lui envoie des *peons* et des *polladores*; il donne à chacun cinq à dix piastres (25 à 50 fr.), et il ajoute par piastre un réal de gratification pour la route. L'Indien travaille alors jusqu'à ce que ses services correspondent à la somme qui lui a été livrée; mais beaucoup reçoivent des avances, et avant d'avoir fourni un travail suffisant pour s'acquitter, ils prennent la fuite, changent de nom et vont ailleurs louer leurs services : cette nécessité de faire des avances est une source de pertes considérables pour le propriétaire.

» Le dimanche, celui-ci réunit tout le monde et remet à chaque Indien la paye de la semaine, et ce dernier, auquel on a avancé de l'argent, reçoit également un réal par jour de travail : c'est ce qu'on appelle le *socorro*; la valeur de ses services est appréciée et réduit d'autant le chiffre de sa dette. »

Leur nourriture est très-simple, ils ne mangent que des racines qui croissent dans la vallée et, le dimanche, on leur distribue six livres de viande par tête. Ils sont très-adonnés à l'ivrognerie, leurs boissons se composent de chicha et d'eau-de-vie de canne. Quand ils sont ivres, ils dorment souvent en plein air et ils sont atteints d'une maladie qu'on appelle *opilation*; ils enflent rapidement, et, si de prompts secours n'arrêtent pas le progrès du mal, ils deviennent impotents pour le reste de la vie.

Le professeur Poeppig, quoique très-défavorable à l'emploi de la coca, ne peut s'empêcher de reconnaître que c'est un mal néces-

saire et que la culture de cette plante est même un grand bienfait pour le pays. Il en donne la preuve en parlant de ce qui se
passe dans une partie de la province de Huanuco. « Plusieurs con-
trées boisées, » dit-il, « seraient restées inhabitées sans elle. Dans
la *quebrada* de Chinchao, on compte de cent cinquante à cent
soixante plantations, dont, il est vrai, quarante à cinquante seulement d'une certaine étendue; mais on peut compter en moyenne
douze manœuvres ou journaliers dans chacune d'elles. Ainsi, sur
ce terrain resserré, mille huit cent individus trouvent du travail
et du pain, phénomène remarquable au Pérou, pays qui est privé
d'industrie. Environ deux mille personnes, propriétaires et domestiques, vivent de leurs revenus, et, en outre, mille petits mar-
chands, fabricants de couvertures de laine et muletiers peuvent
trouver leur subsistance dans cette vallée ou ses alentours. Cet
exemple de trois mille âmes environ, qui vivent largement par
la culture d'un arbrisseau insignifiant, prouve quelle population
trouverait place dans le Pérou, et combien de moyens sont offerts
aux indigènes, s'ils voulaient se donner la peine de travailler, et
j'ajouterai, s'ils n'avaient pas à redouter les vexations et l'exploitation des autorités locales et des propriétaires. »

Dans le haut Pérou (la Bolivie); cette branche d'agriculture est
d'une importance non moins grande pour la population indigène,
car de toutes les provinces de cet État, celle des Yungas est une
des plus florissantes.

§ 2. — *Culture proprement dite.*

Quelle que soit la valeur des conditions générales que je viens
d'énumérer, elles ne suffisent pas pour mener à bien une plantation de coca. Il faut de plus y donner des soins qui exigent des
connaissances spéciales et une activité incessante.

Nous possédons sur ce point des documents positifs, grâce aux
travaux de MM. Unanué, Poeppig, Weddell, Martin de Bordeaux,
Cochet et de Castelnau, et leur importance nous fait un devoir
d'entrer à cet égard dans quelques détails.

Les localités propres à l'établissement d'une plantation étant, en Amérique, couvertes de forêts vierges et la végétation y étant exubérante, la première opération consiste à faire un abatis d'arbres et à y mettre le feu; cela s'opère vers la fin de la saison sèche. Puis on défonce le terrain, on enlève les racines et les pierres et on laboure soigneusement le sol, de manière à le rendre parfaitement meuble, sans cependant que l'on ait besoin d'aller à une grande profondeur, vu la direction des racines de l'arbrisseau, qui, comme je l'ai fait observer, ne sont pas pivotantes.

Si le terrain est fort en pente, comme cela a lieu dans le plus grand nombre des localités du versant oriental des Andes, on y forme une série de petites terrasses étroites ou de gradins, destinés chacun à un seul rang d'arbrisseaux, qui seront d'autant plus élevés et moins nombreux que le plan sera plus escarpé. Or, dans les Yungas de la Bolivie, il est de ces pentes, au rapport du docteur Weddell, dont l'inclinaison est de plus de quarante-cinq degrés. Ces gradins sont, en général, soutenus par de petits murs de pierre, qui servent non-seulement à maintenir le terreau et à empêcher sa dessiccation, mais encore à protéger le collet et la racine des jeunes arbrisseaux contre l'influence trop directe des rayons solaires, au moyen de la saillie qu'ils font au-dessus du niveau du sol.

Au rapport de M. Martin de Bordeaux, d'autres cultivateurs, dans ces mêmes Yungas, se contentent de creuser, parallèlement entre eux, de petits fossés de quatre cent six à quatre cent quatre-vingt-sept mill. de profondeur, larges d'autant, et à la distance de trois cent vingt-cinq à six cent cinquante mill. les uns des autres, de manière à s'élever en amphithéâtre sur la croupe de la montagne, en gardant un parfait niveau. La terre du fond des fossés est travaillée et rendue aussi meuble que possible.

Dans un terrain horizontal, on établit, au lieu de gradins, de simples sillons (uachas), tracés au cordeau et séparés par de petits murs de terre pétrie (umachas), au pied desquels on plante une rangée d'arbres plus ou moins espacés.

Dans la vallée de Santa-Ana, après avoir préparé la terre à la bêche ou au moyen du labour, on ouvre des sillons de deux pieds de profondeur, à la distance d'un mètre les uns des autres.

En novembre, décembre ou janvier, suivant l'époque où les

pluies commencent à tomber en abondance, on s'occupe du semis,
au moyen des fruits, qui ne doivent avoir été recueillis et desséchés que lorsque leur maturité est annoncée par leur couleur.
Pour éviter les déchets, on commence par éliminer ceux qui sont
entamés et on jette les autres dans de l'eau, en n'employant que
ceux qui vont au fond; car lorsqu'ils surnagent, ils sont ou avariés par les insectes, ou ne sont pas fertiles.

Diverses méthodes sont suivies dans l'opération du semis.

Dans l'une d'elles, on se borne à semer le grain à la volée;
mais ses résultats sont incertains et les pertes sont considérables,
par suite de la difficulté d'abriter les jeunes plants sur une grande
surface ou de les arroser. Au bout de dix à quinze jours, ils
poussent, et l'année suivante, s'ils ont résisté, on les transporte
dans dés sillons éloignés de trois pieds environ (un mètre) les uns
des autres et dans des creux convenablement disposés.

Une seconde méthode, préconisée par Unanué, consiste à tracer
de suite les sillons et les fossettes dans le terrain où l'on veut
établir définitivement la plantation, et à semer trois ou quatre
grains dans chaque fossette; s'il en lève plusieurs, on ne laisse
qu'un plant en place et on transplante les autres l'année suivante,
au moment des pluies, en décembre ou janvier.

Le professeur Poeppig en décrit une troisième, pratiquée à Chinchao, dans laquelle on creuse des fossettes à bords perpendiculaires
et symétriques, mesurant un quart de vara (21 cent.) en carré et un
demi-vara (45 cent.) de profondeur, et on jette dans chacune d'elles
une poignée de graines, sans les recouvrir de terre, afin d'éviter
la pourriture. Ordinairement il lève une centaine de plants dans
chaque creux, lorsque le semis a été fait en temps prospère. On
les y laisse pendant quinze à dix-huit mois, quoiqu'ils étouffent
faute de place. Au mois de février de l'année suivante, on transplante les jeunes pousses (qui ont acquis alors une hauteur de
quarante à cinquante centimètres) dans d'autres creux semblables aux premiers, mais placés, autant que possible, en ligne droite
et à trois quarts de vara (63 cent.) de distance l'un de l'autre.

D'après MM. Cochet et de Castelnau, la pratique la plus généralement adoptée, dans quelques plantations, consiste à semer la graine dans des couches, qui portent le nom d'*almazigos* ou de *huambals ;* on préserve les jeunes plants de l'ardeur du soleil au moyen de claies ou de nattes, et on les transplante dans des sillons de six pouces (18 cent.) de largeur, sur huit à dix pouces (565^{mm} à 706^{mm}) de profondeur, et à la distance d'un pied les uns des autres.

Enfin M. Martin de Bordeaux nous informe que, dans certaines plantations des Yungas de Bolivie, on sème la graine au fond des fossés qu'on avait creusés, et que, lorsqu'elle commence à lever, des paillassons sont jetés par-dessus, comme abri contre les rayons du soleil et les trop fortes averses, mais sans gêner la libre circulation de l'air, ni de la lumière. Au bout d'une quarantaine de jours, le semis est déjà vert et, après six mois, il est bon de le transplanter.

Alors au fond de ces mêmes fossés, on trace un petit sillon à cinquante-quatre millimètres environ de la paroi supérieure, sillon dans lequel on presse l'un à côté de l'autre tous les plants, dont les racines se confondent. La forte inclinaison de la montagne et la position des fossés par étages font que leur partie interne, celle qui se rapproche le plus de la montagne, est toujours plus élevée que l'autre. C'est là que la jeune plante croît et se fortifie à l'abri du vent et du soleil.

En définitive, les soins pendant cette première période de la culture se bornent à préserver les plants de l'ardeur du soleil et du vent, à l'aide de claies ou de branchages, à faire écouler les eaux stagnantes, tout en ayant soin de les arroser en cas de sécheresse.

Quant à la distance à conserver entre les arbrisseaux, elle doit varier suivant la qualité plus ou moins fertile du sol. A Carabaya, cette distance est de trois pieds (1 mètre) (Bolognesi). Le docteur Pedro Nolasco Crespo dit que les Incas, en vue de domestiquer la coca et de lui communiquer des qualités supérieures, avaient prescrit de rapprocher les arbrisseaux de coca, dans les Yungas du haut Pérou, à la distance au plus d'un *xème,* soit huit pouces espagnols (565^{mm}), et que l'écartement des sillons ne devait être que de trois *xèmes* (24 pouces ou 1^m,695). Le fait est que ces plan-

tations fournissent des feuilles moins fibreuses et plus parenchy-
mateuses que celles obtenues dans les cocaliers de Chinchao, et
que cela peut tenir à ce genre de procédé.

Dans la vallée de Santa-Anna, chaque sillon reçoit un certain
nombre de plants, espacées de demi-pied en demi-pied, et chaque
trou reçoit deux ou trois jeunes plantes. Le planteur ne néglige
pas de fouler la terre autour des racines. L'intervalle des sillons
est planté en manioc et en maïs, qui protégent de leur ombrage
la jeune coca.

Mais le docteur Unanué fait observer que ce ne peut être qu'une
exception et que, en général, c'est à tort qu'on s'imagine obtenir
des résultats plus favorables en rapprochant trop les distances,
vu que l'arbriseau de la coca est très-gourmand et épuise prompt-
tement le sol, et que, de plus, on a remarqué que la plante dépérit
et se sèche, pour peu que les radicules terminales soient forcées
de se replier, ce qui ne peut manquer d'arriver lorsque les plantes
sont aussi rapprochées.

Une fois en place, la croissance de l'arbrisseau est rapide, sous
l'influence des pluies et du soleil; il fleurit au bout de quatre à
six mois, savoir en avril et mai, et donne bientôt sa graine; mais,
pour obtenir cette dernière, il faut avoir soin de ne pas dépouiller
de leurs feuilles les arbrisseaux qui la fournissent. L'arbuste n'arrive à sa grandeur complète, qui est de trois varas (2 mètres 544^{mm})
ou de cinq à six pieds espagnols (1^m,41 à 1^m,70) en moyenne, qu'au
bout de cinq ans.

Toutefois la réussite dépend beaucoup des soins que l'on continue à donner à la plantation.

Un des premiers et des plus importants est un sarclage régulier,
soit pour débarrasser le terrain des mauvaises herbes qui pullulent
dans le voisinage des forêts [1], soit pour ameublir le sol et en ni-
veler la surface, mais en ayant l'attention de ne pas blesser les
racines et, par conséquent, de ne pas pénétrer trop profond.

[1] Parmi les plantes nuisibles aux cocaliers du Pérou, Poeppig cite le
Panicum platicaule, *P. scandens*, *P. decumbens*, *Pannisetum peruvianum*,
Drimaria, *Pteris arachnoïdea*.

Suivant le professeur Poeppig, il faut répéter le sarclage tous les trois mois, après chaque récolte, et enlever les mauvaises herbes tous les mois. Cette précaution est encore plus nécessaire lorsqu'il s'agit des jeunes plantes.

A l'appui de ces opérations, Garcilaso affirme qu'elles accélèrent de cinq jours chaque récolte, de manière que, au lieu de trois récoltes, on peut en faire quatre, et il cite l'exemple d'un certain percepteur des dîmes de son temps, qui, sachant combien on pouvait hâter les récoltes en sarclant fréquemment le terrain, en imposa l'obligation à l'intendant des propriétés qui dépendaient de lui, dans le district de Cuzco. Par ce moyen, il enleva au percepteur des dîmes, l'année suivante, les deux tiers de la dîme de la première récolte; ce qui donna lieu à un procès opiniâtre.

La propreté du terrain, ajoute Unanué, influe même sur la saveur de la plante en lui communiquant un bon goût, tandis que l'arbrisseau, qui croît au milieu des mauvaises herbes, ne fournit qu'un mauvais produit [1]. En outre, on évite ainsi d'épuiser le sol sans aucun bénéfice, et ce n'est pas le moindre des avantages qu'on en recueille.

M. Martin de Bordeaux signale aussi les mousses qui envahissent le tronc des arbrisseaux, comme nuisibles à leur croissance, et on conçoit la nécessité de prévenir cette cause de déficit, que favorise l'humidité habituelle de l'atmosphère. Nous avons observé en effet, sur un échantillon du Muséum d'histoire naturelle, un assez grand nombre de lichens jaunâtres, grisâtres

---

[1] Il serait non moins intéressant de savoir, si la domestication de cette plante contribue à la doter des qualités spéciales qu'on attribue à ses feuilles, car M. Poeppig rapporte qu'au dire des Indiens, la coca sauvage, la *Mama-cuca* ne les possède pas, et voici comment s'exprime Ruiz à ce sujet dans sa *Quinologia* (p. 17) : *La coca o cuca como algunos pronuncian, silvestra, montaraz o sin labores, no tiene uso ni estimacion alguna, aunque sea recogida de los arbustos que en otros tiempos han sido cultivados, y que por descuido de los PEONAS, y aunde los mismos HACENDADOS los han dexado sin este preciso requisito, sin el qual las hojas del COCAL carecen de aquella substancia, sabor y olor que adquieren con el cultivo, y conservan segun el metodo y prolixidad de su desecacion; ó los transmutan, ó pierden si esta segunda maniobra no se hace bien y con inteligencia.*

et blanchâtres qui couvraient les rameaux. Il y avait même parmi eux deux fragments de *Jungermannia*.

La seconde condition à remplir est l'arrosement de la plantation, lorsque les pluies font défaut dans la saison sèche. En y ayant recours on augmente beaucoup la production, et on peut ainsi obtenir quatre ou même cinq récoltes par année. C'est ce qui avait lieu à Irupana, où l'on avait, pour obtenir de l'eau, des facilités qui ne se rencontraient pas ailleurs. D'autre part, au dire du docteur Weddell, on reproche à cet arrosement artificiel, vraisemblablement quand on en abuse, d'affaiblir les propriétés stimulantes des feuilles de la plante, de leur communiquer une couleur moins foncée et de les noircir facilement au moment de la dessiccation. Dans tous les cas, on comprendra, par ce que nous avons dit précédemment, la convenance de diriger cet arrosement de manière à éviter toute stagnation d'eau dans le contour des arbrisseaux.

Il est des propriétaires qui, dans le but de préserver les jeunes plantations de l'influence d'un soleil trop ardent ou pour profiter de la place, sèment du maïs et plus tard des courges en bouteille, dans l'intervalle des plantes, comme on le fait souvent dans nos vignobles d'Europe ; d'autres environnent, dans le même but, leurs plantations de yuca (manioc), de *Mimosa inca*, ou même d'arbres à café [1]. On ne saurait méconnaître, dans cette pratique, l'épuisement du sol qui doit en résulter et qui nuit à l'abondance de la récolte ; mais d'autre part, il serait possible que la qualité de la feuille y gagnât, si l'observation qu'a faite M. Bolognesi sur les arbrisseaux de coca qui croissent dans les clairières des bois, se confirmait, savoir : que leurs feuilles acquièrent plus de délicatesse, sans être moins parfumées, tandis que ceux qui sont exposés au grand soleil ont des feuilles plus épaisses et plus cassantes.

Enfin, divers agriculteurs considèrent le développement trop considérable de l'arbuste en hauteur comme nuisible à l'abondance et à la qualité de la feuille, et peut-être comme propre à

---

[1] Le café qu'on y recueille paraît avoir toutes les qualités de celui qui nous vient de Moka, au dire des connaisseurs.

gêner leur récolte, en conséquence, ils le taillent. C'est du moins ce que dit le docteur Weddell, des plantations de coca dans la province des Yungas en Bolivie : « Quand les arbrisseaux s'élèvent trop, leur produit est moindre que lorsqu'ils s'étalent, aussi les taille-t-on dans quelques cas, pour favoriser leur développement en largeur, qui n'est jamais considérable, l'arbrisseau ayant d'ailleurs une forme assez irrégulière. La hauteur moyenne de la plante sauvage paraît être d'environ deux mètres; mais celle qu'on lui laisse atteindre n'est, en général, que d'un mètre. »

§ 3. — *Récolte.*

Dans les Yungas de Bolivie, suivant le docteur Weddell, le plant de coca donne sa première récolte de feuilles au bout d'un an et demi, et, à partir de cette époque, il continue d'en fournir jusqu'à l'âge de quarante ans et plus. On cite même des cocaliers dont les plants ont près de cent années d'existence et qui produisent encore. Mais, d'après M. Martin de Bordeaux, l'épuisement du terrain, dans ces mêmes Yungas, limite à trente ans la durée d'un cocalier, et M. Cochet va même jusqu'à le borner à vingt ans. L'arbrisseau, dans cette province, donne, en général, d'abondantes récoltes dès la seconde année; mais l'âge auquel le rendement est le plus fort paraît être celui de trois à six ans [1].

Dans les plantations du Pérou, étudiées par le professeur Poeppig, l'époque de la première récolte est plus retardée, et dépend

---

[1] Si les informations de M. Grandidier sont exactes, les choses se passaient différemment en 1858 dans la vallée de Santa-Anna. Deux ans après la première récolte, l'arbuste étant dans toute sa vigueur, il serait ce qu'on appelle en *boia*. Cela dure pendant quatre ans, après lesquels le cocalier commence à dégénérer et finit par se dessécher entièrement. Cette plante ne vivrait donc que six ans à Huiro et à Challanqui, où la température est moins élevée que dans les *haciendas* qui se rapprochent de Cocabambilla; elle vivrait jusqu'à douze ans, dans les parties les plus chaudes de la vallée. Mais ce qui prouve que cela tient à un défaut de culture intelligente, c'est qu'elle durait autrefois cinquante ans et plus, et qu'au *potrero* de la ferme Santa-Anna, il y a encore des cocas plantés par les jésuites et qui ont atteint la dimension et la force d'un arbre.

3

de la qualité meilleure ou moins bonne du terrain; car, dans de bons terrains, on ne peut commencer à la faire que la troisième année et, dans les mauvais, seulement la cinquième.

Au bout de trois mois, dans les cocaliers jeunes et vigoureux, les feuilles sont déjà mûres et ont atteint tout leur développement; elles portent alors le nom de *cacha*. Le seul critère tenu pour certain, afin de reconnaître leur maturité, est leur rigidité; si elles plient, c'est qu'elles sont trop jeunes, la couleur ni la taille n'y font rien. Si elles sont cassantes, ce qui arrive plutôt dans la saison des pluies, il ne faut pas différer la récolte, parce qu'elles se détachent alors naturellement de l'arbrisseau, étant *caduques*.

Pour faire la cueillette (*polla*), qu'on pratique dès que le temps est sec, et qui est ordinairement confiée à des femmes (*polladores*), l'ouvrière, accroupie, saisit l'extrémité de la tige avec l'indicateur et le pouce d'une des mains et avec l'autre détache brusquement les feuilles une à une, en ayant le plus grand soin de ne blesser ni les bourgeons, ni les feuilles de l'extrémité de la branche, ce qui nuirait à la récolte suivante. Dans quelques districts même, les Indiens prennent de telles précautions, qu'au lieu d'arracher les feuilles, ils entament le pétiole avec les ongles et cette opération répétée leur écorche quelquefois les doigts. Les ouvrières poursuivent néanmoins leur tâche depuis le grand matin jusqu'à la nuit, sans s'arrêter, sinon le temps nécessaire pour prendre de la nourriture; chacune d'elles doit remplir, au fur et à mesure, son panier ou son tablier de laine, qui, plein de coca, porte le nom de *matu*, au moins dix fois dans la journée, et verser sa cueillette, soit dans des sacs qu'un employé, nommé *matero*, transporte hors de la plantation, soit sur des couvertures placées sous des hangars. Une fois leur tâche accomplie, elles reçoivent une paye journalière, en proportion de la quantité de feuilles récoltée. Dans les fermes de Santa-Anna, on compte que quatre ou cinq femmes, dans les bonnes cultures, peuvent récolter la valeur d'une arrobe de feuilles par jour.

La première cueillette qui a lieu dans un cocalier, n'est faite qu'aux dépens des feuilles inférieures; on l'appelle par cette raison, *quita calzon*, en Bolivie, et *huaranchi*, dans la vallée de Santa-

Anna [1]. Les feuilles qui composent cette récolte sont plus grandes, plus coriaces que celles des récoltes suivantes et ont moins de saveur. On les consomme le plus souvent sur les lieux. Mais la plante, après avoir été ainsi privée de ses premières feuilles, est bientôt recouverte d'une verdure plus délicate. Toutes les autres cueillettes portent le nom de *mitas* et ont lieu trois fois, ou, exceptionnellement, quatre fois l'an. La récolte la plus abondante est celle qui a lieu en mars ou en avril, immédiatement après les pluies, c'est la *mita de Marzo*; la plus chétive se fait vers la fin de juin, ou au commencement de juillet, on l'appelle *mita de San-Juan*; la troisième récolte, nommée *mita de todos Santos*, s'opère en octobre et en novembre.

Les feuilles une fois recueillies et transportées aussi promptement que possible dans la ferme (*hacienda*), pour les mettre à l'abri de la pluie et de l'humidité, on s'occupe de leur dessiccation (*seca*) et de leur emballage.

La feuille verte, lorsque le temps n'en permet pas la dessiccation immédiate, peut être conservée quelques jours sans inconvénient, pourvu qu'on ait soin de ne pas la laisser en tas. Dans les localités très-humides, comme Pampayaco, ce retard ne peut se prolonger au delà de cinq jours; mais dans des positions plus sèches et abritées par des bois, on peut attendre sept à neuf jours.

Ni au Pérou, ni en Bolivie, on ne s'est jamais servi que de la chaleur du soleil pour en opérer la dessiccation, et, quoiqu'il fût possible et judicieux d'employer des moyens artificiels plus simples et plus économiques, soit pour faciliter le travail et diminuer la main-d'œuvre, soit pour en assurer la réussite, l'indolence, les préjugés et la routine se sont opposés, même de nos jours, à toute innovation de ce genre.

Chaque ferme est munie de hangars (*matuhuarsi*) qui s'ouvrent sur une aire ou cour fermée, désignée sous le nom de *cachi* dans

[1] De *quitar* ôter, et *calzon* pantalon..... Dans les fermes de la vallée de Santa-Anna, cette première récolte, qui a lieu un an et trois mois après la transplantation des arbustes et qui est moins abondante que les autres, serait la plus estimée comme qualité, les feuilles étant plus vertes et plus fortes.

(GRANDIDIER.)

quelques provinces, et de *matupampa* dans d'autres, et la tenue
de ces dépendances indique l'état de misère ou de prospérité du
maître de l'hacienda. Si le propriétaire est pauvre, le hangar ne
sert qu'à déposer les feuilles, sans permettre de les étendre convenablement, et son aire ne consiste qu'en un sol nivelé, quelquefois pavé, ou recouvert d'un plancher, de nattes et de couvertures;
mais qui, étant exposé aux intempéries ou servant aux ébats des
animaux domestiques, est malpropre et conserve plus ou moins
l'humidité. S'il est riche et industrieux, le hangar est transformé
en une vaste salle, où la feuille étendue par couches ne s'échauffe
pas, et dont des espèces de diaphragmes ou de planchers trans-
versaux à hauteur d'homme doublent la surface. L'aire elle-même
est garnie, jusque dans ses contours, de grandes dalles de schiste
noir (*pizarra*). C'est une assez grande dépense, puisque ces dalles
reviennent à quinze ou vingt francs la pièce; mais elles empêchent
le séjour de l'humidité, les feuilles s'y sèchent plus vite et il n'y a
pas de poussière à craindre; or, comme ces conditions favorisent
la qualité du produit et le prix de sa vente, il y a plutôt économie
à le faire.

Si le ciel est serein, ou, ce qui vaut mieux encore, couvert
d'une brume et de légers nuages, qui tamisent les rayons du soleil sans abaisser la température, on s'empresse d'étendre sur
l'aire les feuilles, en couches de quatre à cinq pouces (285^{mm} à
355^{mm}) d'épaisseur et des ouvriers sont constamment occupés à
les retourner avec des baguettes. Une foule de personnes sont sans
cesse sur le qui-vive pendant la journée, pour signaler l'approche
de la pluie, qui, dans ces régions tropicales, tombe souvent par ra-
fales brusques et répétées plusieurs fois dans les vingt-quatre heures. A la moindre alerte, on rentre les feuilles et on les étend dans
le hangar, pour qu'elles se refroidissent et ne fermentent pas,
puis, le danger passé, on les rapporte dans l'aire, dès que l'humidité du sol est évaporée. Or, ces précautions minutieuses ont bien
leur importance, puisque la moindre goutte d'eau qui tombe sur
les feuilles peut les tacher, les noircir et par conséquent les rendre invendables (*coca goñupa* ou *yana coca*); tandis que si l'on
obtient leur desséchement au bout de trois ou quatre jours, sans

aucun accident, les produits acquièrent une grande valeur. Si le desséchement réussit dans un jour, sous des conditions très-favorables, la récolte est considérée comme la meilleure (*coca del dia*); la feuille dans ce cas est d'un beau vert clair et lisse. Les qualités séchées moins promptement et qui prennent une couleur vert-brunâtre sont moins bien placées. Cependant, de tout temps, les connaisseurs, depuis Garcilaso jusqu'à Unanué, soutiennent que la coca trop desséchée perd de ses qualités, et recommandent aux producteurs de ne pas porter la dessiccation jusqu'au point de rendre la feuille cassante ou réduite en poussière; il faut qu'elle soit flexible et recouverte d'un vernis comme mielleux.

Les pluies d'orage, mais de peu de durée, ne sont pas les seules causes d'avarie : les pluies prolongées, en empêchant qu'on ne puisse sortir les feuilles des hangars, favorisent également leur détérioration. Plus ou moins entassées, elles tendent à fermenter, perdent leurs qualités essentielles et même en acquièrent de désagréables : c'est ce que les Indiens appellent *cholarse*. Aussi, nous le répétons, doit-on regretter avec le professeur Poeppig, qu'on n'ait pas adopté au Pérou les *secaderos* employés à Cuba, pour le desséchement du café, ou, ce qui serait encore plus convenable, qu'on n'ait pas songé à construire des séchoirs dans des hangars fermés, où les feuilles, disposées par couches, seraient exposées à une chaleur artificielle, ne s'élevant jamais au delà de 55° cent. et à un courant d'air qui favoriserait l'évaporation. Les plantations établies à Saint-Paul d'Olivenza au Brésil, ont recours, il est vrai, à un mode de préparation analogue, c'est-à-dire qu'on s'y sert à cet effet du fourneau sur lequel les Indiens font rôtir la farine du maïs; mais, comme on n'y prend aucune précaution, et qu'on n'agit ainsi, que dans le but de pouvoir piler et réduire en poudre les feuilles desséchées encore chaudes, cet exemple ne saurait être imité.

Enfin, il est un procédé que signale Unanué et que m'a confirmé le colonel Bolognesi, à l'aide duquel on obtient, dit-on, une qualité supérieure de coca, dans certaines parties du Pérou, la province de Huanta, par exemple. Il consiste à dessécher à moitié la feuille au soleil, puis à la rentrer et à l'étendre pour qu'elle se refroidisse; alors, après avoir piétiné les lits de feuilles de quatre pouces (283^{mm}) d'épaisseur, placés sous des couvertures de laine, on les expose de nouveau au soleil pour en obtenir la dessiccation complète.

Ce résultat obtenu, on passe à leur emballage et on y procède différemment, suivant les localités ou la fortune des planteurs. Dans la plupart des fermes du Pérou, et dans les environs de Huanuco en particulier, on enveloppe de suite la coca dans des couvertures de laine et on la garde quelque temps dans les magasins; cependant, plus vite on la sortirait des bois humides, plus on serait sûr d'éviter de nouvelles pertes, car la feuille de coca est très-hygrométrique. On ne s'occupe donc de son emballage que lorsque tout est prêt, dans la crainte qu'en comprimant d'avance les feuilles dans les sacs par des jours pluvieux, leur belle couleur verte ne tende à devenir foncée.

Ces sacs, allongés et cylindriques, garnis intérieurement de feuilles sèches de bananier, sont formés d'une étoffe grossière de laine de llama, grise et rayée (*Ierga de la Sierra*), que les Indiens de Conchucos et d'autres lieux de montagnes y apportent en vente. Les feuilles y sont fortement comprimées, non avec une machine, mais avec les pieds, et pèsent dans certaines exploitations quatre-vingts livres espagnoles (37 kil. 368 gr.). On leur donne le nom de *tercios*. Or, telle est déjà la différence de l'air à Huanuco, que, lorsque la coca y a séjourné quelques semaines, elle a perdu dix pour cent de son poids; par cette raison, on se hâte autant que possible de l'expédier promptement dans les Andes, où, par suite de l'abaissement de température, elle conserve davantage son humidité. — Lorsque la coca est ainsi bien emballée, elle ne prend plus aussi facilement une teinte noirâtre; mais lorsqu'on n'a pas soin, le jour du départ et pendant le voyage, de recouvrir les *tercios* avec des couvertures de laine, pour les préserver du serein ou de la pluie, la coca risque de s'échauffer comme du mauvais foin et perd sa couleur. Aussi, les précautions sont portées même plus loin dans certaines localités, et l'on établit des hangars le long de la route jusqu'au marché, afin de pouvoir, en cas de pluie, abriter la marchandise.

Dans les grandes haciendas des Yungas de Bolivie, les procédés varient un peu. On se sert d'une presse, au lieu des pieds, pour comprimer les feuilles sans les briser. A cet effet, on place sous la vis de pression une forme en bois très-solide, haute d'environ six cent cinquante millimètres et de quatre cent cinq millimètres de diamètre. On la tapisse de longues et larges feuilles de bananier parfaitement sèches, dont on renverse les bouts sur le dehors de la forme. Par dessus on met une seconde caisse parfaitement semblable à la première, on remplit le tout de feuilles de coca sèches, en ayant soin de les tasser en couches régulières horizontales, et lorsque les formes sont pleines, on fait jouer la vis, armée d'une masse qui les remplit exactement. Quelque temps de pression fait bientôt passer toutes les feuilles dans la forme inférieure; on dévisse alors et on enlève la forme du haut, puis relevant les bouts de feuilles de bananier, on les ramène sur la coca et on les coud grossièrement. Cela fait, on supprime à son tour la forme inférieure et on enveloppe le tout dans un gros canevas de laine de llama, ce qui constitue un ballot livrable au commerce et pesant trois arrobes (75 demi-kilog.).

Ailleurs les ballots sont encore moins volumineux. On se contente de renfermer la feuille dans des sacs ou couffes en nattes (*cestos*), ne pesant que vingt-quatre livres espagnoles.

Nous devons faire remarquer en passant combien ce mode d'emballage est imparfait pour le but qu'on se propose d'atteindre. Il est, en effet, difficile d'empêcher l'humidité de pénétrer dans des balles aussi mal fermées, et l'évaporation aqueuse, qu'on reconnaît avoir lieu à travers des tissus aussi poreux, ne peut qu'affaiblir les qualités de la feuille, en favorisant en même temps la déperdition de ses principes aromatiques volatils.

L'adoption d'enveloppes imperméables, à l'imitation de ce qui se fait en Chine pour le thé, devrait en être une des conditions essentielles; mais on conçoit que dans l'état actuel d'un commerce borné à l'intérieur, les dépenses que nécessiterait une pareille innovation la rendent impraticable; il ne pourrait en être de même si plus tard ce commerce, en prenant du développement, donnait lieu à une exportation lucrative.

Voici, pour terminer, quelques renseignements approximatifs, recueillis par le docteur Weddell sur le rendement des cocaliers, en 1851, dans les Yungas de Bolivie. — La superficie des terrains où se cultive cette plante s'estime en *catos*, mesure qui varie suivant les localités, mais qui paraît être en moyenne un carré d'environ trente mètres de côté. Or, le produit des cocaliers les plus florissants de cette province paraissait être dans le rapport de onze à douze cestos (le cesto de la Paz = 24 liv. esp.), soit 264 à 288 liv. esp. (122 à 133 kilog.) de feuilles sèches par *cato*, tandis que les cocaliers les plus pauvres ne produisaient que un ou deux cestos (24 à 48 liv. esp.) à chaque cueillette. La moyenne serait donc de sept à huit cestos, 168 à 192 liv. esp. (77 kil. 28 cent. à 88 kil. 32 centig.) — Quant au produit annuel de la Bolivie, il était estimé à plus de 400,000 cestos, = 10,000,000 liv. esp. (4,600,000 kilog.), dont les trois quarts provenaient de la province des Yungas, le reste, des environs de Larecaja, d'Apolobamba et de Cochabamba.

D'autre part, le professeur Poeppig nous apprend qu'il y avait autrefois, dans la vallée de Chinchao, des plantations dont chaque récolte atteignait le chiffre de 700 arrobes = 17,500 liv. esp. et pour quatre récoltes, celui de 2,800 arrobes = 70,000 liv. esp. (32,200 kilog.) — A l'époque de son séjour dans ce pays (1831), la seule plantation de Cutama était encore en mesure de fournir la huitième partie de cette quantité, et on calculait que la récolte annuelle dans toute la vallée d'Enga, montait à 3,000 cargas = 21,000 arrobes = 525,000 liv. esp. (213,100 kilog.)

M. Grandidier, de son côté, dit avoir appris que dans la vallée de Santa-Anna, pour fournir une arrobe de feuilles de coca sèches, il faut deux ou trois *cabezas*, et que chaque *cabeza* ou tête, qui se compose d'un millier d'arbrisseaux, occupe un sillon de cinquante mètres.

CHAPITRE IV.

COMMERCE.

—

Quoiqu'il soit fort difficile de recueillir des données exactes sur l'étendue d'un commerce de consommation intérieure, dans des pays aussi bouleversés et aussi opprimés que l'ont été le Pérou et la Bolivie, et sur la statistique desquels il règne encore de nos jours tant d'obscurités, augmentées souvent par des calculs peu avouables, je vais néanmoins chercher à en donner un aperçu, pour faire comprendre l'intérêt que peut présenter son développement ultérieur. Dans le but de faciliter ces recherches, je commencerai par rappeler les mesures, les poids et les monnaies usités dans l'emploi, la culture et le commerce de la coca, en les réduisant en chiffres décimaux.

Mesures.

Le pied de Castille (*pie*) . . = 12 pouces	=	0,282666 m.
Le pouce (*pulgada*) . . . . = 12 lignes	=	0,023555
La vara de Castille . . . . = 3 pieds	=	0,847998

La vara se divise en tiers (*tercias*), quarts (*cuartas*), sixièmes (*sesmas*) et huitièmes (*ochavas*). Elle est la mesure courante pour toutes choses. Le pied n'est employé que pour des mesures dans lesquelles on a besoin d'une grande exactitude, et encore indique-t-on en *varas* la portion d'étendue qui dépasse trois pieds; alors on stipule, en pouces et lignes, les fractions de tercias, cuartas, sesmas, et ochavas.

Le *xème* ou *gème* (*xeme*) = 8 pouces = 0ᵐ191440. C'est une mesure approximative qui est censée représenter la distance entre l'extrémité du doigt indicateur et celle du pouce, quand on les tient ouverts. On donne encore le nom de gême à la seizième partie de la vara, ainsi une ochava = 2 gêmes.

Le *cato*, à la Paz (*Weddell*), égale un carré de 30 mètres de côté, = 9 ares.

Poids pour les marchandises et les métaux.

La livre de Castille (*libra*) =	2 marcos. . . . . = 16 onces =		$0,459^{gr.}$
L'once (*onza*) . . . . =	{ 4 quarts (*cuartas*) 8 huitièmes (*ochavas*) }	. . . . =	0,028
L'ochava . . . . . . =	2 adarmes ou atenzios . . . . . =		0,036
L'adarme. . . . . . =	3 tomins. . . . . =		0,018
Le tomin. . . . . =	36 grains. . . . . =		0,006

Les divisions de la livre, pour peser les choses courantes, sont : le marc, l'once, la demi-once, et le quart d'once.

Les multiples de la livre sont :

L'arrobe. . . . . . . =	25 livres	=	$11,4775^{kil.}$
Le quintal (*quintal*). . . . =	4 arrobes	=	45,9100
Le macho d'Andalousie . . . =	6 arrobes	=	68,8650

Évaluées en poids, les balles de coca que l'on transporte ou que l'on met en vente, sont souvent variables suivant les localités, ce sont :

Le tercio = 5 $^1/_2$ arrobes = 92 liv. esp. ou d'autres fois 5 arrobes = 125 liv. esp.

Le cesto du Pérou (*Garcilaso, d'Orbigny, Poeppig*) = 25 liv. esp. = 11$^{kil.}$,4775.

Le cesto de la Paz (*Weddell*) = 24 liv. esp. ou même 22 liv. esp.

Le tambor de la Paz (*Weddell*) = 48 liv. esp. (*Unanué*) ou 66 liv. esp.

Poids médicinaux.

La livre. . . . . . =	{	12 onzas. 96 dracmas. 192 adarmes. 288 escrupulos. 496 granos.

Monnaies.

L'unité de compte est la *piastre (peso)*, divisée en huit *réaux*, en seize demi-réaux, trente-deux quarts de réaux, représentant une valeur moyenne de cinq francs, dans les transactions. Mais depuis quelque temps, les négociants ont remplacé ces divisions incommodes, par celles des États-Unis, en *cents* ou *centavos* (les centimes de France se disent *centesimos*), et on y ajoute des *demi-cents* et des *quarts de cents*, pour faire concorder les comptes avec les monnaies du payement.

Les monnaies d'or sont :

	Piastres.
Le doublon d'une once (*doblon* ou *onza*)	= 16
Le doublon d'une demi-once (*doblon de media onza*) .	= 8
Le doublon de quart d'once (*doblon de a cuatro*) . . .	= 4
Le doublon de $\frac{1}{8}$ d'once (*doblon de a dos*).	= 2
La piastre d'or (*peso de oro sencillo*).	

Les monnaies d'argent sont :

La piastre forte (*peso de plata*).	= 8 réaux.
La demi-piastre (*medio peso*)	= 4 —
Le quart de piastre (*peceta de a dos*) . .	= 2 —
Le réal fort (*real de plata*)	= 8ème de piastre.
Le demi-réal (*medio real*)	= $\frac{1}{16}$ème de piastre.
Le quart de réal (*cuartillo*).	= $\frac{1}{32}$ème de piastre.

Dans les transactions courantes de la vie au Pérou (dans les boutiques de comestibles, au marché, etc.), il existe des contremarques en fer-blanc appelées *seña* ou *contra*, spéciales à chaque marchand pour les *demi-cuartillos*.

La monnaie de change dans le Pérou et la Bolivie est la *piastre*, exprimée en *piastres fortes* et *piastres courantes*. La piastre forte ou *piastre à colonnes*, s'entendait de la piastre frappée en Amérique, pendant la domination espagnole, en opposition avec celle frappée en Espagne (*sevillana*) d'une valeur intrinsèque moindre. Aujourd'hui encore les piastres et les onces espagnoles, frappées en Amérique du temps des Espagnols, ont une valeur supérieure aux piastres et aux onces frappées en Amérique depuis l'indépendance, et même ces dernières ont conservé plus de valeur que les *sevillanas*.— Il en résulte que les onces ou quadruples anciennes, hispano-américaines, valent quelquefois en Amérique jusqu'à dix-sept piastres et demie, tandis que certaines onces des républiques indépendantes ne sont reçues, en dehors des États dont elles portent le coin, que pour une valeur bien moindre que celle dont elles portent la marque; souvent on ne prend celles de telles années qu'au poids, et il en est qu'on a fait frapper en Europe (par exemple celles de la Nouvelle-Grenade) que l'on refuse absolument. Il en est de même des piastres, dont une très-grande partie, qui ont cours en Bolivie, ne valent en réalité que quatre réaux et même moins, tandis que les piastres du Pérou s'élèvent presque autant que les piastres à colonne, parce qu'elles contiennent souvent un peu d'or et sont toujours de bon aloi. Ainsi les piastres péruviennes de 1828 à 1840 étaient évaluées à cinq francs quarante centimes en moyenne. La monnaie de Bolivie, depuis vingt ans, est devenue réellement de la fausse monnaie, à la suite des refontes frauduleuses, quoique officielles.

Tant que le commerce n'a pu effectuer ses retours en Europe, qu'au moyen des lingots et des piastres, on a reçu couramment la piastre pour cinq francs, attendu que la différence était absorbée par le frêt et les assurances. Depuis quelques années le change s'est amélioré et équivaut presque à la valeur intrinsèque des meilleures piastres indépendantes. Cependant je n'ai pas cru convenable d'avoir égard dans mes calculs à ces variations, peut-être temporaires, et j'ai admis en général pour la piastre une valeur de cinq francs de France.

Les principaux marchés ou centres de commerce de la coca sont, au Pérou : Huanuco, Cuzco, Arequipa, Tarma, Jauja, Cerro de Pasco, Pataz et Truxillo. Les meilleurs débouchés de la coca de Huanuco, sont les provinces de Tarma et de Jauja, dont les plantations ont été ruinées par les Indiens, ainsi que la ville de Cerro de Pasco, car on n'en transporte à Lima que quelques quintaux.

Le principal marché de la Bolivie est la Paz.

Le transport de la marchandise, des plantations aux marchés, se fait souvent par des chemins affreux à l'aide des mulets, des ânes, des llamas et à dos d'homme.

On traite pour les transports par *charge courante* de mules, devenue en quelque sorte l'unité dans les calculs de commerce et dans les transactions.

La *charge de mule* (carga) est de dix arrobes, soit de deux cent cinquante livres espagnoles, divisée en deux tercios de cent vingt-cinq livres chacun, à moins de conventions contraires. On traite sur ce pied avec les muletiers pour les transports, et le prix représente assez généralement un réal et un quart par lieue et par charge. Mais lorsque les tercios pèsent plus de cinq arrobes, soit que la charge doive se composer d'un ou de deux tercios, les prix changent notablement. La *charge de poste* est également de dix arrobes dans les plaines, mais seulement de huit arrobes dans les montagnes et le prix est d'un réal par lieue. Ce poids et ce prix sont théoriquement consacrés par l'usage; mais on s'y tient rarement.

La charge légale des llamas est de cent livres; mais en réalité ils ne peuvent tout au plus transporter que trois arrobes et leur marche est lente. Les convois de llamas qui portaient anciennement la coca aux mines de Potosi, restaient deux mois en route. La différence du prix est, il est vrai, considérable, puisque, de Cuzco à Arequipa, on paye cinq piastres (25 francs) par charge de mulet, tandis que cette dépense, pour les llamas, ne s'élève qu'à douze réaux environ (7 francs 50 centimes). Toutefois, lorsque les routes le permettent, il y a avantage à se servir des mulets, en raison de la rapidité du transport et des moindres chances d'avarie, sans compter qu'on évite aussi les retards et les ennuis que causent quelquefois l'insouciance ou la mauvaise foi des conducteurs de llamas, qui, pour ne pas fatiguer leurs bêtes ou pour profiter d'un double voyage, déposent la marchandise à moitié chemin et retournent chez eux, sans s'inquiéter davantage de leurs conventions.

Quant aux ânes, ils sont plus robustes que les llamas et supportent mieux une fatigue prolongée, en même temps qu'ils marchent plus vite.

Dans certaines localités des versants orientaux des Andes, où les chemins à travers bois sont presque impraticables, ce sont les Indiens qui entreprennent cette corvée ; ces pauvres malheureux retournent chez eux dans la Sierra, portant sur leur dos des tercios, qui pèsent de cent à cent vingt-cinq et jusqu'à cent cinquante livres et, ainsi chargés, ils ont parfois sept journées de marche à faire, avant d'arriver à leur destination.

Les prix de vente de la coca varient beaucoup suivant la qualité, les demandes, le produit des récoltes, l'emplacement des marchés, la condition des routes et surtout en raison des frais de transport.

Le tableau suivant donnera une idée de ces prix à diverses époques et dans diverses localités.

Dates.	Localités.	Autorités.	Poids.	Piastres.	Francs DE FRANCE.
1583 . . .	Cuzco.	Acosta.	l'arrobe.	2 ½ à 3	12f.50c à 15f.
»	Potosi.	»	»	4 ½ à 5	23f.75c à 25f.
XVIe siècle .	Potosi.	Unanué.	»	5	25f.
1794 . . .	Vice-royauté de Buenos-Ayres.	Unanué.	»	6	30f.
»	Plateaux des Andes.	»	»	3 à 4	15f. à 20f.
»	Mines.	»	»	7 à 8 à 9	35f. à 40f. à 45f.
1831 . . .	Chinchao, sur place.	Poeppig.	»	3 ½ à 4	17f.50c à 20f.
»	Huanuco.	»	»	5 à 7	25f. à 35f.
»	Cerro de Pasco.	»	»	prix plus élevé.	»
1832 . . .	La Paz.	d'Orbigny.	»	prix moyen, 6	30f.
1850 . . .	Carabaya, sur place.	Bolognesi.	»	3 ½ à 4	17f.50c à 20f.
1851 . . .	La Paz.	Weddell.	le cesto de 24 livres.	4 ½ à 6	23f.75c à 30f.
1857 . . .	Salta, Confédération Argentine.	Mantegazza.	le rubbo de 25 livres.	»	60f. à 80f. à 100f.
»	»	»	la livre.	»	»
1858 . . .	Santa-Anna.	Grandidier.	l'arrobe.	9	7f.
1859 . . .	La Paz.	Scherzer.	le cesto de 25 livres.	8 à 10	45f.10c à 50f.
1860 . . .	Arequipa.	Bolognesi.	l'arrobe.	4 ½ à 5	23f.75c à 25f.

Ce qui frappe surtout dans ce tableau, c'est l'égalité des prix auxquels s'est maintenue la coca, pendant près de trois siècles, car l'espèce d'exception que semble présenter Salta ne tient qu'aux frais énormes occasionnés par le mode vicieux actuel d'exportation, et le prix élevé (14 piastres), fait à Lima à M. Scherzer était sans doute le résultat d'une spéculation abusive envers un étranger trop confiant.

La coca la plus estimée est celle des Yungas de la Bolivie, puis vient Carabaya, Paucartambo et enfin celle de la vallée de Santa-Anna. On reproche à la coca du Pérou d'être moins délicate, plus sèche que celle de Bolivie, ce sont des appréciations de fins gourmets ; car la masse des Indiens n'y fait pas tant de façons.

Il arrive fréquemment que les planteurs font des contrats avec les négociants des villes et reçoivent des avances sur la récolte future qui, livrée en entier sur place, est ensuite transportée par portions dans la Sierra, avec un bénéfice de vingt pour cent.

D'autres fois les entrepreneurs de mines s'entendent directement avec les planteurs, pour la livraison, dans leurs ateliers, des provisions de coca nécessaires à l'exploitation, ce qui diminue les frais de commission et les retards d'arrivée.

En esquissant l'historique de la coca, j'ai signalé les phases qu'avait dû subir au Pérou sa culture et, par conséquent, le mouvement commercial auquel elle donnait lieu. Le docteur Unanué nous fournit, au sujet de la reprise observée vers la fin du siècle passé, un document qui offre de l'intérêt sous ce dernier rapport.

D'après les registres de la douane de Lima, de 1785 à 1789, c'est-à-dire pendant cinq ans, le produit de cette culture dans la vice-royauté, et sa valeur en numéraire étaient représentés par le tableau suivant.

Provenances.	Cestos.	Arrobes.	Cargas.	VALEUR en piastres.	VALEUR en francs de France.
Tarma. . . .	»	32,611	»	97,833	489,165
Huamalies . .	»	1,000	»	3,000	15,000
Huanuco . . .	»	46,735	»	280,410	1,402,050
Huanta . . .	»	62,680	»	376,080	1,880,400
Anco	»	2,424	»	14,544	72,720
Urubamba . .	1,200	»	»	9,600	48,000
Calca y Larèz .	11,500	»	»	34,500	172,500
Paucartambo .	96,618	»	»	386,472	1,932,360
Huamachuco. .	»	»	500	5,000	25,000
TOTAUX . .	109,318	145,450	500	1,207,439	6,037,195

Le même auteur aborde le calcul approximatif annuel du commerce de la coca en 1794, dans le haut Pérou, qui faisait alors partie de la vice-royauté de Buenos-Ayres [1] et portant à six piastres la valeur moyenne des balles ou cestos de vingt-cinq livres, il l'évalue à la somme de 2,400,000 piastres (12 millions de francs), après déduction de 300,000 piastres pour la consommation intérieure et de 100,000 piastres pour le commerce des provinces d'Arequipa, de Moquegna et de Tarapaca, faisant partie de la vice-royauté de Lima. Puis, pour arriver à la somme totale du commerce de la coca dans le haut et le bas Pérou, il ajoute une somme de 241,487 piastres, qui représente le mouvement commercial annuel de la vice-royauté de Lima, en se basant sur le résultat du tableau des cinq années, ci-dessus rapporté, et il obtient ainsi un chiffre de 2,641,487 piastres, soit 13,207,435 francs.

Or, il y a évidemment erreur dans cette dernière partie de son calcul, même en en adoptant les bases. En effet, la récolte annuelle de la Bolivie et de la province de Carabaya réunies,

[1] D'après les renseignements fournis par une personne instruite et bien placée, le docteur don Andrez Nolasco Crespo, *Official real de las Caxas de la ciudad de la Paz.*

qui faisaient partie de l'ancienne vice-royauté de Buenos-Ayrès,

	Piastres.	Frances.
étant de 400,000 sacs, à six piastres le sac . $=$	2,400,000 $=$	12,000,000
La récolte des mêmes localités, consommée sur place et vendue dans les provinces méridionales de la côte du Pérou, qui appartenaient à la vice-royauté de Lima, étant de 6,666 sacs, à six piastres le sac . . . . $=$	400,000 $=$	2,000,000
La récolte des autres provinces du Pérou, comprises dans l'ancienne vice-royauté de Lima, ayant été de 109,518 cestos, de 145,450 arrobes, et de 500 cargas, représente, pour la valeur annuelle, le 5ème de 1,207,439 piastres. $=$	241,487 $=$	1,207,455
TOTAUX. . .	3,041,487 $=$	15,207,455

Dans un travail analogue, entrepris en 1851, le professeur Poeppig arrive à des résultats généraux presque identiques à ceux d'Unanué, quoique également entachés de graves erreurs.

Ce savant avait commencé par examiner ce qui se passait à Huanuco. A cette époque les revenus que retirait la ville de ses plantations (en comptant au plus bas prix une récolte annuelle de 472,000 livres de coca), s'élevaient à 90,000 piastres, ce qui explique comment les habitants avaient pu se maintenir. Les taxes municipales même n'étaient couvertes que par la coca, sur laquelle on avait mis un droit d'exportation d'un pour cent par charge de mulet, mais qui ne retombait que sur le vendeur et non sur le planteur. En outre, dans les districts producteurs de Huanuco, il se faisait un petit commerce de détail qui ne pouvait être indifférent, car il descendait des Andes de Conchuco et de Guamalies, des Indiens très-pauvres, mais très-industrieux, qui échangeaient leurs pommes de terre sèches et leurs étoffes de laine grossières, contre la coca qu'ils revendaient avec bénéfice à leur retour.

Ne pouvant obtenir des informations aussi détaillées pour les autres parties du Pérou, M. Poeppig fut donc obligé de se contenter d'une évaluation approximative pour apprécier le mouvement commercial annuel de cette marchandise.

Il admit avec Unanué les 2,400,000 piastres au compte de la république de Bolivie, y compris la province de Carabaja, devenue

4

péruvienne depuis l'indépendance, et, de plus, pour les départements du nord de la république du Pérou, la somme de 150,000 piastres, savoir : 90,000 piastres pour Huanuco, 40,000 piastres pour Jauja et 20,000 pour Truxillo, enfin, sans indication de sources, 241,487 piastres pour les départements d'Arequipa, Moquegna et Tacna : en tout 2,791,487 piastres (13,957,355 francs); et même il ajoute, en terminant, que cette valeur annuelle, pour le Pérou et la Bolivie, pourrait s'élever à plus de trois millions de piastres.

Pour prouver l'erreur des données sur lesquelles il s'appuie, il suffit de faire observer que, tout en admettant la somme de 2,400,000 piastres, comme représentative de la valeur commerciale de la coca en Bolivie, il ne tient aucun compte des 300,000 piastres retranchées par Unanué des revenus officiels de la vice-royauté de Buenos-Ayres, ni des 100,000 piastres représentant les revenus du commerce dans les provinces méridionales de la vice-royauté de Lima, et, d'autre part, il attribue à ces dernières les 241,487 piastres qui représentent le cinquième du tableau d'Unanué, dans lequel figurent en double les trois marchés au nord de la montagne de Huancayo, savoir : Huanuco nominativement et les deux autres marchés de Jauja et de Truxillo, sous les noms de Tarma, d'Anco et de Huamalies [1].

Si donc on tient à attribuer aux chiffres leur valeur probable, voici le tableau qu'on peut en tracer :

		Piastres.
Revenus boliviens . . . . =		2,400,000
Id. retranchés . . . . =		400,000
Id. des trois marchés du Nord . . . . =		150,000
Et calculant, d'après le cinquième du produit des provinces au sud de Huancayo, figurées dans le tableau, savoir : Huanta, Urubamba, Paucartambo, Calca y Larez et Huamachuco. . . . =		162,330

Total	3,112,330	piast.
Soit	15,561,600	fr.

[1] Une des principales causes d'erreur de M. Poeppig est d'avoir confondu les documents tirés des marchés de vente, avec ceux fournis par les lieux de production.

Un autre document, qui prouve l'importance de ce commerce intérieur, nous est fourni par le tableau approximatif des recettes du gouvernement bolivien pendant l'année 1850. Car sur un total de 10,619,800 francs, les droits sur la coca y figurent pour 900,000 francs, tandis que les droits retirés du quinquina ne s'élèvent qu'à 710,000 francs [1] et ceux sur d'autres produits indigènes, tels que sucre, eau-de-vie, vins, etc., n'atteignent que 157,000 francs. Dans ces dernières années, au rapport du docteur Weddell, l'impôt sur la coca aurait atteint le chiffre de 200,000 piastres, soit un million de francs. Le docteur Scherzer, en 1859, l'évaluait même à 500,000 piastres (1,500,000 francs); la consommation de coca s'élevant à 480,000 cestos, de vingt-cinq livres espagnoles, et l'impôt étant de cinq réaux par cesto.

Au reste, je le répète, il est très-difficile de se faire une idée, même éloignée, de la valeur commerciale de la coca, soit en Bolivie, soit au Pérou, sous le régime actuel.

D'abord, quoique les titres de propriété soient, en général, fort en règle dans ces États, depuis les temps les plus anciens, et qu'il y existe un cadastre officiel, il règne de nos jours, dans cette branche d'administration, moins d'ordre et de régularité que sous le gouvernement espagnol. Ensuite les impôts sont souvent gaspillés et éludés de la manière la plus extraordinaire. La position des planteurs y est parfois assez précaire, en raison des exactions auxquelles ils sont exposés et surtout du voisinage des Indiens sauvages ou révoltés. Enfin, si l'on peut approximativement calculer ce qui se passe en Bolivie, d'après les rentrées de l'impôt établi par le gouvernement, la chose n'est plus possible au Pérou, où aucun impôt de ce genre n'a été admis d'une manière officielle, et où il faut se contenter des données contradictoires, souvent incomplètes, que fournissent les octrois municipaux et les péages établis arbitrairement dans certaines localités.

Je n'en pense pas moins que le commerce de la coca est susceptible de s'améliorer et de devenir une source de richesses pour

---

[1] Peut-être cela tient-il à la contrebande active qui se fait avec les écorces du Quina, tandis qu'elle ne se reproduit pas au même degré pour la coca.

ces pays, mais à condition qu'on allége autant que possible la fiscalité abusive, qu'on diminue les frais de transport et que l'existence des capitalistes ou des agriculteurs soit suffisamment protégée. Si donc on veut obtenir des succès, qu'on améliore à tout prix les routes à travers les Andes, qu'on assure la tranquillité des planteurs, et, si le commerce de la coca prenait quelque développement, qu'on favorise les débouchés à l'est des Andes, du côté du fleuve des Amazones, où tôt ou tard il s'établira une navigation régulière à vapeur. Sous ce rapport les facilités sont nombreuses, la Bolivie n'a qu'à mettre à profit la partie navigable du Rio-Grande, du Beni et de ses affluents, en particulier du Coroïco, et le Pérou de son côté possède les cours du Huallaga et de l'Apurimac. De cette manière, les voyages et les frais de transport seront abrégés et réduits, le commerce prospérera et la civilisation animera de vastes solitudes, négligées jusqu'à ce jour, malgré leur fertilité et leurs ressources.

CHAPITRE V.

PROPRIÉTÉS PHYSIQUES.

—

Les feuilles sèches de coca du commerce que j'ai eu l'occasion d'examiner, quoique conservées depuis trois ou quatre ans, sans aucune précaution, sont encore verdâtres, assez spongieuses, mais devenues cassantes et très-légères (dix feuilles pèsent un gramme). Elles s'humectent et se gonflent avec la plus grande facilité et colorent assez promptement en vert soit la salive, soit l'eau froide dans laquelle on les tient plongées.

L'appréciation de leurs propriétés, sous le rapport de l'odeur et de la saveur paraît avoir varié considérablement, suivant le mode adopté pour les recueillir et les conserver, suivant qu'elles sont fraîches ou vieilles, séchées avec soin ou exposées à l'humidité.

Le professeur Poeppig pense qu'un de leurs principes actifs ne se retrouve qu'en petites quantités dans les feuilles desséchées, vu qu'il se volatilise presque complétement par cette dessiccation et par l'exposition à l'air; la chaleur élevée même le détruit tout à fait.

L'opinion des Indiens est qu'un séjour de dix mois de la coca récoltée, dans les versants chauds et humides des Andes, lui fait perdre ses qualités, et que, dans la région froide des plateaux, elle ne se conserve que pendant dix-huit mois [1].

Leur odeur, suivant Unanué, serait légèrement aromatique et agréable, lorsque les feuilles sont fraîchement récoltées et celles dont je dispose, conservent encore, après une exposition à l'air de deux années, une odeur faible qui ressemble singulièrement à celle du thé de Chine.

Garcilaso de la Vega, s'appuyant de son expérience et de celle du père Blas Valera, dit en revanche, « que la senteur de ces feuilles n'en est pas beaucoup agréable et ne laisse pas toutefois d'être bonne. »

Le docteur Martin de Bordeaux, après avoir fait la remarque que la feuille de coca n'a presque pas d'odeur, ajoute, « que les grands tas seuls vous annoncent leur voisinage par une odeur fort peu aromatique. »

Au rapport du docteur de Tschudy, cette odeur des feuilles fraîches serait énervante, lors de leur dessiccation au soleil. D'après

---

[1] Si l'observation faite par les Indiens se vérifie, il est évident que toute la coca qui existe actuellement dans le commerce en Europe, ne peut donner aucune idée exacte des effets produits par la coca récemment récoltée, et que, par conséquent, toutes les expériences comparatives qu'on a pu entreprendre chez nous avec elle, doivent fournir des résultats ou nuls ou fautifs, surtout avec le mode vicieux d'emballage adopté jusqu'à ce jour; car, non-seulement les principes volatils ont presque entièrement disparu, mais, même les principes fixes, de nature végétale et protéiformes, doivent avoir été modifiés par une conservation prolongée, plus ou moins en contact avec l'air atmosphérique. C'est au reste le cas de toutes les feuilles desséchées, qu'on garde dans la plupart des herboristeries, sans être hermétiquement renfermées; au bout de peu d'années il faut en renouveler la provision, si l'on ne veut avoir affaire à des substances complétement inertes.

le professeur Poeppig, elle se rapprocherait de celle du foin qui contiendrait du mélilot, et déterminerait des maux de tête à ceux qui s'endorment dans le voisinage des séchoirs. Enfin, M. Bolognesi, sans pouvoir comparer cette odeur à aucune autre, reconnaît également qu'elle développe des maux de tête chez ceux qui y restent longtemps exposés.

Lorsque ces feuilles ont été mal séchées et tendent à fermenter, non-seulement l'arome agréable s'aperçoit à peine, au dire du docteur Weddell; mais il se trouve dominé par un parfum piquant, *sui generis*, qui rappelle l'odeur abominable exhalée par l'haleine des chiqueurs de coca: « Ce bouquet, » ajoute-t-il, « si je puis ainsi l'appeler, est très-perceptible lorsqu'on goûte la coca, et sert, par son abondance relative, à en indiquer la qualité. »

Plusieurs observateurs, et Garcilaso de la Vega en tête, comparent le goût des feuilles de coca du commerce, lorsqu'on n'y fait aucune addition, à celui assez insignifiant de nos herbes sèches ordinaires, ou leur accordent tout au plus une saveur légèrement aromatique, amarescente et astringente, analogue, d'après M. Weddell, au thé de Chine le plus commun.

D'autres, tels que Valdes y Palacios et M. Martin de Moussy, affirment que, lorsqu'elles sont de bonne qualité, leur infusion aromatique est fort agréable et se rapproche du meilleur thé de Chine. Et il est de fait que dans plusieurs localités on les a employées comme succédané du thé. Ce dernier auteur fait observer que, dans l'infusion concentrée et à plus forte raison dans la décoction, c'est de l'amertume mêlée à quelque stypticité, qui frappe plus particulièrement le palais.

Le docteur Unanué assure que les feuilles nouvellement récoltées, piétinées à l'état frais et bien séchées, ont une saveur légèrement piquante, oléoso-amarescente et astringente, et que, mâchées, elles déterminent sur la membrane muqueuse de la bouche une légère irritation, accompagnée d'une sensation passagère de chaleur.

De Alcedo reconnaît aussi qu'elles échauffent et enflamment la bouche des Européens.

M. Bolognesi m'a dit que la première fois qu'il mâcha de ces feuilles, peut-être en trop grande quantité, il éprouva un gonflement de la langue et une douleur sourde de la gorge.

M. Frézier affirme même que l'âpreté de la feuille est parfois assez grande pour faire peler la langue à ceux qui n'y sont pas habitués.

En ayant mâché à deux reprises deux ou trois feuilles, je me suis aperçu, au bout d'un quart d'heure ou d'une demi-heure, que ma langue était légèrement effritée, et cette sensation dura toute une matinée. Néanmoins, dans le premier moment, je n'avais remarqué ni goût piquant, ni saveur amarescente ou astringente très-marquée.

Sous forme d'infusion elles ne paraissent pas produire ces symptômes locaux d'irritation.

CHAPITRE VI.

PROPRIÉTÉS CHIMIQUES.

—

Nous devons au docteur Unanué les premiers essais qui aient été entrepris pour connaître les principes constitutifs des feuilles de coca, et ils ne pouvaient être qu'incomplets à l'époque où il les commença. Voici comment il s'exprime : « Pour analyser la coca, on en prit huit onces qu'on fit infuser dans de l'eau chaude, sans aucune addition, pendant quarante-huit heures. Au bout de ce temps on la filtra à travers une chausse, sans la soumettre à aucune pression et en se contentant de laisser déposer dans le liquide les particules dissoutes ou extraites. Cette teinture aqueuse était d'une couleur émeraude éclatante et avait une odeur plus suave que la feuille elle-même; son astringence et son amertume étaient aussi plus agréables que celles de la feuille mâchée.

« Ayant ajouté à la teinture du vitriol de fer (sulfate de fer) elle prit une teinte foncée. » Il paraît même y avoir aperçu la présence d'un acide, mais sans le désigner.

« Réduite à l'état d'extrait » (vraisemblablement celui qu'on dit être de consistance pilulaire), « en la faisant évaporer au bain de vapeur, elle donna deux onces et demie espagnoles (0,0716 grammes) d'une matière composée de principes gommeux et nullement résineux. La couleur de l'extrait était d'un vert obscur, son odeur ressemblait à celle de la feuille et de sa teinture, et il avait un goût très-amer qui laissait sur la langue une impression vive et durable; en le mâchant, on ressentait dans certains points un picotement très-marqué.

» Les résultats de cet examen varièrent, suivant les localités où la feuille avait été récoltée et surtout suivant son plus ou moins de fraîcheur. Lorsqu'elle n'est pas aussi sèche que celle dont nous nous servîmes pour l'analyse ci-dessus décrite, ou celle qu'on prépare pour les Indiens, on éprouve au tact une sensation comme si elle était recouverte par une espèce de miel, son odeur et son goût sont aussi plus marqués et la quantité d'extrait est plus considérable. En prenant la moyenne des résultats obtenus à plusieurs reprises avec des feuilles de diverses qualités, on recueille environ une demi-once espagnole (0,014 grammes) d'extrait gommeux, pour chaque once de feuilles entières et pures. »

En revanche, le professeur Poeppig étant à Huanuco, nous apprend, sans autre explication, « que ne possédant aucun réactif chimique, il avait répété les expériences d'Unanué et que, quoiqu'il eût employé des quantités plus considérables de feuilles minces et membraneuses qui étaient à sa disposition, il n'avait rencontré que des traces d'extrait gommeux, » et il termine en exprimant l'espoir qu'une analyse des feuilles conservées fraîches et remises à un habile chimiste donnera la meilleure solution de cette controverse.

Les expériences d'Unanué ne devaient se réaliser que beaucoup plus tard, et même seulement en partie.

En 1855, le docteur Weddell avait cru pouvoir inférer de l'insomnie causée par l'infusion de coca, qu'il pourrait y exister de la *théine*; mais les essais qu'il fit, en suivant les procédés indiqués par M. Peligot, furent négatifs, et il y reconnut seulement la présence de produits carbonés et d'une quantité notable d'azote.

M. le professeur Fremy, qui répéta ces expériences, en suivant des méthodes plus rigoureuses, ne réussit pas mieux. Il trouva, il est vrai, un principe actif particulier, soluble dans l'alcool, insoluble dans l'éther, et très-amer; mais il ne lui fut pas possible de le faire cristalliser. ·

En 1857, un chimiste irlandais, établi à Salta, dans la confédération Argentine, auquel M. Mantegazza s'était adressé, avait cru reconnaître la présence de la *caféine*.

En 1859, le docteur Scherzer [1], attaché à la frégate autrichienne *Novara*, dans son voyage de circumnavigation, ayant rapporté à Vienne deux arrobes de feuilles de coca soigneusement emballées; une partie en fut adressée à M. le professeur Wöhler de Gottingue, et l'illustre chimiste en confia l'analyse à un de ses élèves, M. Niemann. Ce jeune analyste, qu'une mort prématurée a enlevé à la science, parvint à isoler le principe actif fixe de la coca et reconnut l'existence d'un alcaloïde de nature spéciale, qu'il baptisa du nom de *cocaïne*.

Voici le procédé qu'il suivit : ·

« Les feuilles de coca, coupées très-minces, furent infusées pendant plusieurs jours dans de l'alcool à 85°, aiguisé d'un peu d'acide sulfurique. La solution d'un vert brun foncé qui en résulta fut soumise à la presse, filtrée, et on y ajouta de la chaux délitée (hydrate de chaux). Une partie de la chlorophylle et une matière cireuse furent ainsi séparées, ce qu'on pouvait constater dans le dépôt incolore. Le liquide filtré avait une réaction faible alcaline et fut neutralisé avec de l'acide sulfurique; la plus grande partie qui y était contenue fut séparée par la distillation et le reste fut évaporé au bain-marie. Le résidu fut ensuite traité avec de l'eau, ce qui amena la séparation d'une substance demi-liquide, d'un vert noirâtre, contenant beaucoup de chlorophylle, et, d'autre part, on obtint une solution brun-jaunâtre qu'on filtra. Cette solution renfermait la cocaïne à l'état de sulfate. On décom-

[1] Voyez son rapport à l'Académie impériale des sciences à Vienne, dans le journal l'*Ausland*, 33me année, n° 7, p. 151 et 152. Stuttgart und Augsbourg, 1860.

posa ce sel à l'aide du carbonate de soude, et la base se sépara encore impure, sous forme d'un dépôt brun. Le dépôt fut traité à son tour par l'éther, la cocaïne fut dissoute, mais non les impuretés; alors on distilla cette solution éthérée, et il resta au fond de la cornue une matière semblable à du vernis, d'une couleur jaune-verdâtre et ayant une odeur particulière, dans laquelle on vit bientôt apparaître des cristaux étoilés. Par un traitement répété, à l'aide de l'alcool, on obtint la cocaïne incolore et inodore. Sa cristallisation avait lieu plus facilement, lorsqu'on ajoutait à la solution alcoolique assez d'eau pour qu'un dépôt commençât à se former.

» La cocaïne cristallise en petits prismes incolores et inodores. Elle est difficilement soluble dans l'eau, plus facilement soluble dans l'alcool, et très-soluble dans l'éther. Sa solution a une réaction fortement alcaline et un goût amer qui lui est propre. Elle exerce en même temps sur les nerfs de la langue une action remarquable, savoir : que la place touchée reste, après quelques minutes, comme engourdie et presque insensible. Elle fond à une température de 98° cent. et en se refroidissant reprend sa forme cristalline rayonnée. Par une chaleur plus élevée, elle se colore d'abord en rouge et se décompose en répandant une odeur ammoniacale. Il n'y en a qu'une petite portion qui paraisse se volatiliser sans décomposition. Chauffée sur une feuille de platine, elle brûle avec une flamme brillante sans laisser de résidu.

» La cocaïne neutralise complétement les acides, cependant la plupart des sels obtenus ne paraissent pas cristalliser facilement et persistent dans un état amorphe. Celui qui cristallise le plus facilement en rayons minces est le chlorhydrate de cocaïne. Le gaz chlorhydrique se sépare de la cocaïne séchée, avec un dégagement de chaleur si considérable, que cette dernière se fond.

» La solution de chlorhydrate de cocaïne est caractérisée par les réactions suivantes :

» Les *alcalis caustiques et carbonatés* font précipiter de la cocaïne blanche, soluble dans un excès d'ammoniaque, mais non dans l'alcali fixe.

» Le *chlorure d'or* détermine un précipité de flocons denses, d'un jaune clair, soluble dans l'eau chaude, plus soluble encore dans l'alcool, et le sel double qui s'y développe cristallise sous forme de petites lames brillantes et jaunes. La manière dont se comporte ce sel, lorsqu'on le chauffe, est très-remarquable, car il se produit alors un sublimé d'acide benzoïque.

» Le *chlorure de platine* forme un précipité jaune – brunâtre, floconneux, qui prend promptement une apparence cristalline.

» Le *chlorure de mercure* forme un précipité blanc amorphe.

» L'*acide molybdo-phosphorique* donne un précipité blanc-jau-nâtre et floconneux.

» L'*acide picrique*, un précipité jaune-soufré, floconneux, pre-nant bientôt une apparence analogue à la résine.

» L'*acide tannique* par lui-même ne détermine aucune colo-ration, mais, lorsqu'on ajoute de l'acide chlorhydrique, on voit aussitôt apparaître un précipité épais, grisâtre, qui ne tarde pas à se rassembler également en une masse résineuse.

» L'*eau iodurée* détermine un précipité brun - rougeâtre, sem-blable pour la couleur à celle du kermès. »

Ainsi, d'après l'analyse de M. Niemann, la cocaïne est compo-sée de :

$$
\left.\begin{array}{ll}
\text{Carbone} . \quad . \quad . \quad . & 66,20 \\
\text{Hydrogène} . \quad . \quad . & 6,90 \\
\text{Azote} . \quad . \quad . \quad . & 4,83 \\
\text{Oxygène} . \quad . \quad . \quad . & 22,07
\end{array}\right\} = C^{32}H^{23}A^1O^8.
$$

Ce résultat analytique décisif obtenu par M. Niemann, l'élève du savant chimiste de Göttingue, ne nous a pas empêché de sou-mettre les feuilles de coca, que nous avait confiées la Société d'ac-climatation, à un examen comparatif accessoire.

Il m'importait d'abord de répéter les expériences d'Unanué, afin de m'expliquer les contradictions frappantes entre ses résul-tats et ceux publiés par le professeur Poeppig, et surtout pour m'assurer de la proportion des principes extractifs solubles, qui se trouvent dans les feuilles de coca.

J'ai donc prié M. Genevoix, pharmacien, rue des Beaux-Arts, à Paris, de m'aider dans cette opération et il a eu la complaisance d'y procéder avec toute l'exactitude et tous les soins possibles.

Ci-joint le procès-verbal qu'il en a rédigé :

PREMIER TRAITEMENT. — *Macération.*

« Feuilles de coca sèches incisées. . . . . . 50 grammes.
» Eau à la température ambiante (10° cent.). . . 250 »
» Trente heures de macération, légère expression.
» Premier produit. 175 grammes d'une liqueur brune limpide pesant 4°, odeur légère de capillaire, saveur d'infusion de saponaire et de capillaire, arrière-goût salin.

DEUXIÈME TRAITEMENT. — *Infusion.*

» Résidu des feuilles de coca exprimé à la main et contenant encore un peu d'eau (reste de la première macération). . . 100 grammes.
» Eau bouillante . . . . 250 »
» Quarante heures d'infusion, expression à la main.
» Deuxième produit. 220 grammes, liqueur couleur châtain-clair, pesant 5°, odeur et saveur semblables à celles du premier produit, mais moins prononcées, arrière-goût salin.

TROISIÈME TRAITEMENT. — *Décoction.*

» Résidu des deux traitements précédents . . . 100 grammes.
» Eau. . . . . 500 »
» Décoction de deux heures, expression à la presse.
» Troisième produit. 200 grammes d'une liqueur louche, jaunâtre, de saveur amère, mais non saline, pesant 1°.
» Les trois liqueurs réunies sont évaporées à la vapeur et produisent un *extrait en consistance pilulaire* pesant 11 grammes, odeur d'extrait de thé, saveur acide et saline, d'une puissance hygrométrique considérable.
» Pour connaître le poids de l'extrait sec, nous avons desséché sur une assiette 5,50 grammes de l'extrait précédent et nous avons obtenu 4,40 d'extrait parfaitement sec. Par conséquent, 8,80 grammes d'extrait sec pour 50 grammes de feuilles sèches. Mais il convient de faire observer que les feuilles qu'on nous avait remises, contenaient, par 50 grammes, 1 gramme de sable et de corps étrangers ligneux, ce qui fait que ce rendement de 8,80 grammes d'extrait sec, n'est en réalité le produit que de 29 grammes et non de 50 grammes de feuilles. »

Ainsi, malgré les conditions plutôt défavorables où se trouvaient nos feuilles, comparativement à celles employées par Unanué, la proportion d'extrait aqueux obtenu parait être assez considérable, pour qu'on puisse considérer les expériences du professeur Poeppig comme fautives, ou du moins comme non concluantes. Il est vraisemblable qu'au lieu de se servir des feuilles desséchées, ce savant a eu recours aux feuilles fraîches de la plante et, en effet, dans ce cas l'infusion aqueuse ne devait lui fournir aucun résultat.

Désirant connaître l'influence qu'exercent sur les propriétés de la feuille de coca quelques-unes des préparations usuelles qu'on lui fait subir, je me suis adressé à M. Terreil, chimiste non moins instruit qu'exact, et lui ai remis une infusion de cinq grammes de coca, dans cent vingt grammes d'eau bouillante, et une décoction aqueuse de la même feuille dans les mêmes proportions, en le priant de comparer ses résultats avec la simple macération dans l'eau, à température atmosphérique. Il a eu la complaisance de me transmettre le procès-verbal ci-joint de cet examen :

« Les acides font ressortir l'odeur agréable de thé que possède la coca. Les alcalis, au contraire, développent dans l'infusion et la décoction des feuilles une odeur des plus désagréables, qui rappelle un peu celle des alcaloïdes du tabac et de la ciguë.

» L'infusion et la décoction de la coca possèdent une réaction légèrement acide, qu'elles perdent assez promptement en s'altérant.

» Elles présentent les caractères suivants, lorsqu'on les met en contact avec les réactifs. »

RÉACTIFS.	INFUSION [1].	DÉCOCTION.
Potasse et alcalis fixes . .	La liqueur jaunit beaucoup, léger précipité, il se dégage une odeur nauséabonde.	Mêmes caractères, mais moins prononcés.
Ammoniaque	Mêmes caractères qu'avec la potasse, la liqueur brunit fortement à l'air, puis il se forme des cristaux de phosphate ammoniaco-magnésien.	Mêmes caractères, le précipité de phosphate ammoniaco-magnésien est moins abondant.
Acides minéraux	La liqueur jaunit, puis elle verdit, l'odeur de thé est développée, surtout par l'acide sulfurique.	Mêmes caractères.
Acide iodique	La liqueur brunit légèrement, puis, peu à peu, il se fait un précipité jaunâtre, qui brunit ensuite.	Mêmes caractères.
Iodure de potassium ioduré.	Précipité brun rouge, assez abondant, très-peu soluble dans un excès de réactif.	Trouble à peine sensible, disparaissant dans un excès de réactif.
Tannin	Abondant précipité jaunâtre	Léger précipité jaunâtre.
Sels de fer au *minimum* et *maximum*.	La liqueur devient brun verdâtre.	Même caractère.
Acétate de plomb. . . .	Précipité jaune clair	Même caractère.
Chlorure de baryum . . .	Trouble, insoluble dans l'acide azotique . .	Même caractère.
Azotate d'argent	Précipité jaunâtre, se réduisant un peu en brunissant.	Précipité moins abondant, se réduisant moins lentement.
Azotate de mercure au *minimum*.	Précipité abondant, jaune clair, se réduisant lentement.	Précipité moins abondant.
Azotate de mercure au *maximum*.	Précipité jaune sale, se réduisant lentement .	Mêmes caractères.
Chlorure d'or	Réduction immédiate	Réduction lente.
Chlorure de platine . . .	Trouble jaunâtre, réduction lente	Mêmes caractères.
Sulfate de cuivre.	Léger précipité jaunâtre, la liqueur brunit peu à peu.	Mêmes caractères.

[1] La macération a fourni une liqueur qui a donné les mêmes caractères que ceux fournis par l'infusion dans l'eau bouillante.

« Les feuilles de coca soumises à la calcination, répandent l'odeur de tabac brûlé : après la calcination, elles laissent une cendre blanche abondante. Ces cendres sont alcalines, elles contiennent du carbonate de potasse, des phosphates alcalino-terreux, des sulfates et des chlorures alcalins, des traces d'alumine et d'oxyde de fer, de la silice provenant de la plante et de la silice quartzeuse accidentelle. »

En résumé, cet examen de M. Terreil semble prouver, que soit la macération, soit l'infusion aqueuses, extraient plus de principes actifs que la décoction, ou, peut-être, que dans cette dernière, l'action prolongée du calorique en fait précipiter une partie, quoique ces principes paraissent être les mêmes à quelques nuances près. Il signale en outre une réaction différente très-remarquable sur cette feuille, des acides ou des alcalis (y compris non-seulement la potasse et la soude, mais aussi la chaux vive).

CHAPITRE VII.

USAGE ET MODE D'EMPLOI.

—

L'usage de la feuille de coca est généralement répandu dans les républiques de Bolivie et du Pérou, dans les États de Salta et de Jujui, appartenant à la Confédération Argentine, ainsi que dans quelques districts des républiques de l'Équateur et de la Nouvelle-Grenade. Il existe également chez les Guarigos indépendants au sud de Venezuela et s'est propagé parmi quelques tribus indiennes du Brésil, tels que les Tacunas, les Uainumas, les Coraties, les Miranhas, les Cauixamas, les Juris, les Passes, et dans les établissements du Solimaens. Enfin un grand nombre de Chiliens, surtout ceux qui fréquentent les marchés de Bolivie, s'y adonnent; mais il est à peine connu à Venezuela même, non plus que dans la partie du Pérou qui avoisine le bas Maragnon.

Dans la Bolivie et le Pérou, ce sont les Indiens indigènes ou les métis Indiens qui font un usage habituel de cette feuille. Un habitant des plateaux, quelque pauvre qu'il soit, se passerait plutôt de vivres et de vêtements que de coca; c'est une passion à laquelle il ne saurait résister, ou plutôt une habitude qui s'est transformée en besoin. Mais comme il gagne peu et que le prix de la feuille se maintient à un taux assez élevé, l'usage, chez lui, se transforme rarement en abus, et à l'exception de quelques fêtes ou de circonstances extraordinaires, il se contente de doses journalières modérées. Quant aux blancs, créoles espagnols, ils s'en abstiennent généralement, et cela tient à des préjugés religieux et de castes, qui datent de la conquête, et qui dès lors, ont jeté une réprobation, une flétrissure, sur les pratiques indiennes. C'est même en partie cette cause, toute d'opinion, qui a empêché les Espagnols, jusqu'à nos jours, de chercher à populariser l'usage de cette plante en Europe, et ce qui explique le silence gardé si long-temps sur ses effets utiles. La plupart des créoles, lorsqu'ils y ont recours, ne l'emploient que comme remède.

Toutefois il n'est pas rare de voir des individus de la population blanche s'adonner à l'habitude de faire usage de la coca, en pleine santé; mais ils le pratiquent en cachette, et, comme ils sont en général plus à leur aise et qu'ils ne reculent pas devant la dépense, ils ne tardent pas à en faire abus; aussi en deviennent-ils les principales victimes, comme nous le montrerons plus tard.

La plupart des voyageurs européens qui parcourent les Andes, ont agi plus judicieusement, et, sans se jeter dans des excès, paraissent avoir su apprécier, par expérience, les résultats avantageux qu'on pouvait en retirer. La population nègre, en général pauvre et dépendante, ne semble pas non plus avoir pris l'habitude de l'usage de la coca, soit qu'elle n'ait pas les moyens de faire cette dépense de luxe, soit que instinctivement elle en fût éloignée; mais une fois entrée dans cette voie, elle en fait abus avec la plus grande facilité et en est plus éprouvée que les blancs, et surtout que les Indiens indigènes.

C'est ordinairement vers l'âge de dix ans, que les garçons indiens commencent à faire usage de la coca, lorsqu'ils parviennent à en soustraire à leurs parents, avant de pouvoir s'en procurer à leurs frais, et cette habitude, une fois contractée, se prolonge jusque dans l'âge le plus avancé.

Les femmes en font moins usage que les hommes, soit qu'elles aient naturellement, par coquetterie, une répugnance pour cette pratique, soit que le sexe masculin de la famille accapare la plus grande partie de la provision, mais elles ne s'en abstiennent pas toujours, surtout lorsqu'elles avancent en âge. Témoin, M. Bollaert, qui ayant assisté le jour de la Chandeleur, à un bal dans le village indien de Macaya, nous dit : « Il y avait là quelques rares » jolies filles et, lorsque l'excitation de la danse eut dissipé la teinte » mélancolique qui pèse ordinairement sur leurs traits, elles pa- » rurent à leur avantage. Quant aux matrones, je ne puis pas en » dire autant, l'habitude de chiquer la coca, étant loin d'ajouter » des charmes à la beauté qui décline. »

L'usage de la coca, sans avoir, comme autrefois, un caractère religieux, continue de nos jours à se rattacher à des idées superstitieuses, parmi les classes ignorantes de la population péruvienne. Les Indiens la considèrent encore comme une offrande agréable à leurs ancêtres et n'entrent jamais dans un tombeau antique, sans y déposer leur chique de coca. Comme ils croient encore à l'existence d'esprits ou de démons (coyas), qui demeurent dans les mines, ils ne manquent pas de leur faire hommage de coca, soit pour obtenir la découverte de filons métalliques ou de trésors, soit dans l'espérance qu'ils favoriseront leurs travaux en ramollissant les gangues quartzeuses. Le docteur Weddell en cite un exemple : «Étant entré un jour dans une mine pour examiner un filon qui contenait, dans certaines cavités anfractueuses, des fragments d'un minéral fort curieux, je ne fus pas peu surpris, en y enfonçant le bras, de retirer, au lieu des objets que je cherchais, une poignée de coca déjà mâchée, sur quoi, l'Indien qui me conduisait, me dit avec un air de conviction, qu'il avait entendu le diable travailler au filon la nuit précédente, et qu'il avait mis de la coca dans ce trou, pour l'encourager à lui continuer son secours. »

Tous les voyageurs ont également remarqué que, au passage des grands cols des Andes, les Indiens, par reconnaissance pour les divinités (Apachitas ou Cotorayarruni), qui, dans leur opinion, ont soutenu leurs forces à la montée, non-seulement y accumulent des piles de pierres, mais rejettent leur chique de coca sur ces espèces de monuments votifs.

Les pêcheurs de la côte, au rapport de Frézier, mettent de cette herbe mâchée à leurs hameçons, lorsque la pêche est mauvaise, et assurent que par ce moyen ils attirent les poissons.

Enfin, le professeur Poeppig nous informe que la superstition des basses classes, dans les montagnes de Huanuco, va si loin au

5

sujet de la coca, qu'on en met dans la bouche du moribond, et qu'on regarde comme un signe infaillible de salut, s'il la goûte avec quelque plaisir.

On a recours à trois modes de préparation pour faire usage des feuilles sèches de coca, la *mastication*, *l'infusion* et la *décoction*.

Les habitants des Andes ne recourent, pour leur usage journalier, qu'au premier de ces modes, qui ne consiste cependant pas à mâcher la feuille, mais plutôt à la *chiquer* (*chacchar* ou *acculicar*) comme le font les marins avec le tabac, car les dents ne doivent pas briser les feuilles, et de plus on en avale le jus, au lieu de le cracher. Il ne paraît pas que, même dans les plantations, les chiqueurs de coca (*coqueros*) se servent des feuilles fraîches, comme masticatoire, ce que font les Abyssins et les Arabes, pour les feuilles du *Cath*.

Voici le procédé suivi dans les cas ordinaires :

Les Indiens portent toujours sur eux une provision de feuilles de coca entières et non brisées, qu'ils renferment dans un petit sac de laine de llama, portant le nom de *chuspa*, et qui, suspendu à leur col, tombe sur le côté. Sous le régime des Incas, les souverains avaient seuls le droit de porter une chuspa de couleur jaune; elle faisait partie de leur costume officiel.

Trois ou quatre fois par jour, ils suspendent leurs travaux ou leurs courses pendant un quart d'heure, s'asseyent après s'être mis à l'aise et débarrassés de leurs fardeaux, puis, plongeant la main dans leur provision de coca, ils tirent une à une les feuilles qui doivent former leur chique, au nombre de dix à vingt, enlèvent la nervure médiane, ainsi que le pétiole, les introduisent dans la bouche, les mouillent et en forment avec la langue une espèce de pelote qui se place entre la joue et les mâchoires. D'autres fois, après avoir disposé les feuilles les unes sur les autres, il les roulent dans leurs mains, pour en former une boulette. Mais lorsqu'ils sont en route et qu'ils ne peuvent s'arrêter, ou qu'ils sont pressés par le travail, ils préparent d'avance pour la journée une provision de ces boulettes, qu'ils conservent dans leur chuspa.

Cela fait, ils introduisent dans l'intérieur de cette chique, qu'elle soit déjà placée dans la bouche ou entre leurs mains, une nouvelle substance, dont la nature varie suivant les localités, mais qui est toujours plus ou moins alcaline ou absorbante, à laquelle on donne vulgairement le nom de *Llipta*, de *Llucta*, de *Yicta* ou *Yucta*, suivant la prononciation, mais qui, en langue Quichua, s'écrivait *Llipita*.

Le plus ordinairement elle consiste en une *potasse* grossière, qu'on obtient en brûlant de petites tiges sèches de diverses plantes, telles que le *Chenopodium quinoa*, les pétioles des feuilles de *Bananier*, la hampe du *Maïs*, le *Sobrinus mollis*, etc. Les cendres encore incandescentes sont éteintes avec de l'eau simple, de l'eau salée, ou même de l'urine, et on en forme une pâte qu'on dessèche, qui se durcit, dont on fait provision et même qui entre dans le commerce. Ou bien, après avoir recueilli la cendre, on la pétrit avec les mains, et comme elle attire l'humidité, on parvient à en former une masse solide, sans y ajouter de l'eau. Dans tous les cas elle prend une apparence gris-noirâtre et n'est plus déliquescente.

Celle qu'on m'avait remise avec les feuilles de coca, a été analysée qualitativement par M. Terreil, dans le laboratoire de chimie du Museum d'histoire naturelle. Suivant lui, elle se compose de carbonate de chaux, de carbonate de magnésie, de bicarbonate de potasse, de sulfates et chlorures alcalins, de phosphates alcalino-terreux, d'alumine, d'oxyde de fer, de charbon et de silice quartzeuse.

On assure que la *Llipta* affaiblit l'amertume de la coca, et lui enlève son goût herbacé; aussi les Indiens ne sauraient se passer de cet assaisonnement, et les marchandes de coca, dit Ulloa, en fournissent gracieusement à leurs chalands, en proportion de la quantité de feuille achetée. Le docteur Weddell suppose que l'addition de la *Llipta* peut contribuer à la dissolution des principes actifs de la plante. Quoi qu'il en soit, il n'est pas prouvé que les Indiens du Pérou fissent usage de la *Llipta* avant la conquête, bien que M. Angrand ait trouvé dans quelques tombeaux des pots destinés à la contenir : il est même quelques localités de l'intérieur où son emploi est encore négligé de nos jours.

Dans d'autres parties des Andes, en particulier dans le Pérou septentrional, on se sert, au lieu de cendres, de *chaux vive en poudre*, préparée avec des coquilles et renfermée dans une petite calebasse (*Isopurus* ou *Poporo*) qu'on fixe à la ceinture. Le coquero mouille un petit morceau de bois pointu, le trempe dans la chaux et le plonge au centre de sa chique, en ayant bien soin de ne pas se toucher les lèvres.

Suivant Ulloa, il existait des populations au nord du Pérou, dans le Popayan, qui, au lieu de potasse ou de chaux, ajoutaient à leur chique de coca une substance blanchâtre, appelée *Tocera* ou *Mambi,* laquelle, d'après Raynal, est une terre d'un gris-blanc et de nature savonneuse, par conséquent assez analogue au *Chaco,* terre argileuse qui est d'un usage si général dans la province d'Oruro, comme succédané du lait.

Stevenson nous apprend aussi que les Indiens y ajoutent quelquefois du jus de limon, ce qui communique à la chique une saveur aussi douce qu'agréable.

Au rapport de M. de Martius, les populations brésiliennes qui ont adopté l'usage de la coca, la préparent d'une manière différente de celle des Péruviens. Ils font sécher les feuilles à l'ombre ou sur un fourneau, les réduisent en poudre fine dans un mortier, soit seules, soit mélangées avec les cendres du *Cecropia palmata,* et les conservent ainsi dans une bourse de feuilles, qui porte le nom de *taboca.* Cette poudre est d'un gris verdâtre; ils en remplissent de temps à autre leur bouche, où elle s'humecte, forme une pâte, et est vraisemblablement entraînée dans l'estomac avec la salive.

Enfin, des auteurs anciens et modernes font mention d'un mélange de la coca et du tabac (*yetl*), comme d'un masticatoire encore en usage chez certains Indiens, lorsqu'ils ont l'intention de s'enivrer promptement.

Les Indiens qui mâchent la coca tiennent constamment leur chique dans leur bouche, même en dormant, et ne la remplacent que lorsque toute la partie extractive a disparu, qu'elle a perdu son goût acerbe et qu'il ne reste plus que le tissu fibreux insoluble. Ils en consomment ainsi une once à une once et demie (28 à 42 grammes) dans la journée; mais s'ils travaillent jour et nuit, ils doublent la dose, et les coqueros qui en font abus peuvent en absorber jusqu'à trois quarts de livre (344 grammes) dans les vingt-quatre heures. M. de Tschudy a connu plusieurs individus qui en avaient fait usage toute leur vie, à dater de l'âge de dix ans, et il calculait que l'un d'entre eux, qui avait atteint sa cent trentième année, en évaluant sa ration journalière à une once (28 grammes) au minimum, devait en avoir consommé au moins deux mille sept cents livres (1,242 kilog.) dans cet espace de temps.

L'infusion chaude de coca est employée quelquefois par les étrangers ou les créoles, comme succédané du thé ou du maté, et comme médicament, soit au Pérou, soit en Bolivie, soit à Salta dans la Confédération Argentine. Les Indiens y ont recours dans toutes leurs maladies. Et ce qu'il y a de remarquable dans ce mode de préparation, c'est que ses effets, loin de s'affaiblir par deux ou trois infusions successives, semblent, au contraire, s'accroître, vu que le principe extractif se dissout alors en plus grande quantité; mais dans ce cas, il ne faut pas trop éloigner l'une de l'autre ces préparations successives, car la coca, conservée humide, s'altère avec la plus grande facilité. Il est quelques observateurs qui considèrent la coca infusée comme aussi active que celle qui est mâchée, mais la plupart donnent une supériorité d'action à ce dernier mode d'emploi, dans un but physiologique déterminé.

La décoction paraît aussi faciliter une dissolution plus complète de certains principes extractifs. Elle est rarement employée au Pérou, si ce n'est pour préparer des remèdes externes, des cataplasmes ou des fomentations.

Après avoir ainsi examiné la composition et le mode d'emploi des feuilles de coca desséchées, il nous reste à étudier les effets qu'elles produisent sur le corps humain, dans l'état de santé et dans celui de maladie. Bien entendu qu'il ne s'agit ici que de leurs principes fixes, puisque le principe volatil, qui se rencontre dans les feuilles fraîches, est presque entièrement dissipé.

CHAPITRE VIII.

ACTION PHYSIOLOGIQUE.

Tous les auteurs, sans exception, attribuent aux feuilles de coca une action stimulante ou excitante des plus remarquables, qui s'exerce sur le système nerveux; mais tous n'apprécient pas ce

résultat de la même manière. Tandis que les uns admettent une
stimulation directe, semblable à celle de l'ammoniaque ou des
aromates, d'autres l'envisagent comme produisant une action excitante indirecte analogue à celle des narcotiques, tels que l'opium
ou le datura. Au nombre des premiers se trouvent les docteurs
Unanué et Weddell ; parmi les seconds, les docteurs Poeppig, de
Tschudy et Mantegazza.

Unanué considère la coca comme un tonique par excellence
(architonico) du système nerveux ; mais, se laissant entraîner par
l'intérêt du sujet, il ne distingue pas suffisamment les effets divers
produits suivant les doses et les préparations, et néglige les conséquences d'un abus imprudent ou vicieux.

Le docteur Weddell, moins exclusif, tout en réduisant l'influence
de la coca à une simple excitation, lui attribue une action spéciale,
différente de celle de la plupart des excitants ordinaires, et variant
même suivant le mode d'administration. Ainsi, la stimulation obte-
nue en mâchant la feuille serait lente et soutenue, et non passagère
comme celle de l'alcool ; employée à des doses moyennes, elle
n'agirait pas sur le cerveau, tandis que l'effet produit par l'infusion serait prompt, et ce ne seraient que les doses fortes qui
amèneraient des symptômes cérébraux, tels que l'insomnie. Il
suppose donc que son action, au lieu d'être localisée, comme celle
du thé ou du café, est diffuse et porte sur le système nerveux en
général [1].

[1] La distinction qu'établit le docteur Weddell, entre les effets produits par
la mastication et l'infusion de la coca, est fondée sans doute sur des expériences
positives, mais les conclusions qu'il en tire ne peuvent être acceptées qu'avec des
réserves. Il est évident que cet habile praticien, en signalant les effets produits
par l'infusion de coca, n'entendait parler que de l'infusion chaude, c'est-à-dire
combinée avec un degré de calorique plus ou moins élevé. Or cette combinaison
modifie en général l'action physiologique des substances qu'on administre sous
cette forme, comme nous le prouve la pratique journalière de la vie. Telle substance prise à froid, a souvent une action opposée à celle qu'elle exerce étant prise
à chaud, et même cette dernière varie suivant le degré de calorique employé :
Ainsi en 1820, visitant un hospice d'aliénés à Dublin, j'y vis employer le thé
avec des effets très-différents ; l'infusion chaude réveillait les accès de manie,
l'infusion froide les calmait. Dans ma pratique médicale, j'ai conseillé avec
succès le thé froid dans les névralgies hémicraniennes, ou dans les névralgies

Le professeur Pœppig émet l'opinion, que le principe actif de la coca, sans produire un sentiment pénible de surexcitation comme le fait l'opium, agit d'une manière analogue et d'autant plus dangereuse, que ses effets peuvent durer longtemps. Au dire de cet auteur, il déterminerait de prime abord un état de relâchement général, portant au repos, à une indifférence morale et à la solitude, avec affaiblissement des organes digestifs, et ce ne serait que plus tard que l'excitation se manifesterait. Toutefois il convient que l'usage modéré de la coca ne donne pas lieu aux accidents de surexcitation ; mais il attribue ce résultat à l'influence de l'habitude, et, jusqu'à un certain point, au séjour sur les hauteurs. « Car, » dit-il, « l'emploi de la coca dans les régions inférieures aggrave les effets d'un climat chaud et humide. » Enfin il reconnaît que la coca ne provoque pas un trouble marqué des facultés intellectuelles. — Ce ne serait pas, pour lui, une raison de croire à son innocuité. En ayant pris le soir une infusion chaude, il éprouva dans la nuit une très-grande inquiétude et de l'insomnie. Prise le matin, cette infusion déterminait ces effets à un moindre degré, mais ôtait l'appétit. Un médecin anglais de sa connaissance, en ayant fait usage au lieu de thé, aurait également éprouvé des symptômes pénibles d'excitation nerveuse et se serait bien gardé de récidiver l'expérience.

Suivant le docteur de Tschudy, l'action de la coca est semblable à celle des narcotiques administrés à petites doses, mais les symptômes qu'elle provoque se rapprocheraient plutôt de ceux du datura que de ceux de l'opium ; ainsi, à doses élevées, elle détermine de la photophobie et une dilatation de la pupille, mais jamais le sommeil, ni une perte complète des facultés intellectuelles. Il est juste de dire que son opinion, pas plus que celle du professeur Pœppig, n'est appuyée d'expériences régulières et méthodiques, mais qu'elle se fonde sur les effets de doses élevées ou de l'abus de la plante ; car plus tard il convient franchement

gastriques, tandis que l'expérience nous démontre que l'emploi du thé chaud favorise plutôt ces ataxies nerveuses. Cette remarque importante a peut être moins de valeur pour la coca que pour d'autres substances, dans ses effets physiologiques, mais elle ne doit pas être perdue de vue dans les considérations auxquelles pourra donner lieu plus tard l'étude de ses applications médicales que l'usage modéré de la coca est non-seulement innocent, mais même avantageux au maintien de la santé, et il cite à l'appui de cette assertion des exemples de longévité extraordinaires.

Le professeur Mantegazza place la coca dans une nouvelle classe d'agents, qu'il désigne sous le nom d'*aliments nerveux*, dans la famille des *aliments nerveux alcaloïdes* et dans la section des *narcotiques*, avec l'*opium*, le *datura*, le *stramonium*, le *haschisch*, etc., etc., dont il définit les effets de la manière suivante :

« Ils ont une action puissante sur le cœur et sur les centres nerveux, diminuent presque tous la sensibilité et accroissent considérablement quelques-unes des facultés intellectuelles, en déterminant des hallucinations et des douleurs de toute espèce. Ce sont les aliments nerveux les plus dangereux et en même temps ceux qui procurent les jouissances les plus vives. »

Et cependant, lui aussi reconnaît que la coca employée avec modération, est un stimulant immédiat des plus actifs, non moins avantageux que d'autres excitants dont on fait usage habituellement, et qui ne détermine de symptômes réellement à craindre que par son abus, ou même par un abus prolongé; en un mot, favorisant la vie d'une manière presque miraculeuse, sans porter de trouble dans les fonctions vitales. Il en cite de nombreux exemples et ne tarit pas en éloges sur les qualités qui distinguent cette substance.

D'autre part, nous avons vu M. Niemann en opposition avec le docteur de Tschudy, au sujet de l'influence qu'exerce la *cocaïne* sur la pupille.

En l'absence d'expériences plus positives, je ne me chargerai pas d'expliquer, pour le moment, les contradictions qui se présentent, me réservant de proposer un jugement sur la nature probable de cet agent, lorsque nous en aurons mieux étudié les effets dans les diverses fonctions du corps vivant, sauf à tenir compte des idiosyncrasies et des impressions morales qui viennent souvent compliquer les résultats.

Le docteur Unanué a le premier signalé le rôle important que paraît jouer la coca sur le système sanguin, lorsqu'il affirmait qu'elle active les fonctions des artères.

Mais le professeur Mantegazza a cherché à mettre, jusqu'à un

certain point en évidence cette assertion par des preuves directes,
d'un contrôle facile.

« Voulant fixer, » dit-il, « l'influence qu'exerce la coca sur les
mouvements du cœur, j'ai pratiqué sur moi-même quelques expériences comparatives, pour mettre en regard son action avec celle
d'autres aliments nerveux ou de l'eau chaude.

» Les conditions des expériences furent toujours les mêmes, et
j'ai fait les observations avec toute l'exactitude dont je suis capable, examinant d'abord le pouls, avant de faire usage de la
boisson, puis une minute après et enfin de cinq en cinq minutes,
pendant une heure et demie. Je n'ai pas été au delà, parce que
je me suis aperçu, après quelques observations, que, passé ce
temps, le pouls restait stationnaire ou oscillait lentement vers la
direction qu'il prend dans les diverses heures de la journée, sans
être davantage influencé par la boisson administrée. Les pulsations
furent toujours comptées pendant une minute entière et dans la
position assise qui tient le milieu entre toutes. Pendant l'expérience, je gardais la plus grande tranquillité, sans exercer aucun
acte qui pût faire varier le moins du monde les mouvements du
cœur.

» La quantité d'eau employée fut toujours de quatre onces
(120 grammes), celle des substances employées, de quatre-vingt-
huit grains (450 milligrammes), et la boisson, préparée de la même
manière et dans le même temps, avait une température de 61°
25°, qui correspond au degré le plus ordinairement employé dans
ce genre de boissons chaudes. — Pour le cacao, j'ai fait usage de
la décoction, au lieu de l'infusion. Quant aux substances elles-
mêmes, je me les suis procurées dans leur plus grande pureté, et,
à l'exception de celles qui sont accompagnées d'un point d'inter-
rogation, j'ai acheté moi-même toutes les autres, dans les lieux où
je pouvais être sûr de l'origine la plus normale.

» J'ajouterai encore que la température extérieure fut à peu
près la même dans toutes les expériences, comme on le verra par
le tableau ci-joint, et qu'elles furent toujours faites trois ou quatre
heures après déjeuner, afin de choisir l'heure la plus propice,
pour les rendre comparables entre elles. »

Nombre des expériences.	BOISSON.	Température extérieure. Thermom. centésim.	Pouls normal.	Heures d'observation.																		
				0,1'	0,5'	0,10'	0,15'	0,20'	0,25'	0,30'	0,35'	0,40'	0,45'	0,50'	0,55'	0,60'	1,5'	1,10'	1,15'	1,20'	1,25'	1,30'
1	Eau	21	73	79	79	78	74	75	75	73	73	69	71	71	72	70	70	70	71	71	72	72
2	Eau	21,75	65.	72	72	70	69	68	66	66	68	67	69	68	66	64	65	64	63	62	62	62
3	Eau	21,75	71	73	76	74	73	76	74	72	72	72	71	71	71	71	70	70	70	69	69	69
4	Eau	21,75	66	70	73	71	71	71	68	68	68	66	68	62	67	68	66	65	65	66	65	65
5	Eau	22,5	64	77	71	67	68	71	70	68	70	71	71	69	64	68	66	66	68	65	68	64
6	Thé vert.	26,25	68	75	74	71	73	68	69	68	68	70	70	75	70	75	70	71	70	70	70	70
7	Thé noir pekao. . .	25	66	72	73	75	67	70	70	68	68	69	68	68	66	66	66	68	67	67	66	66
8	Thé vert et pekao (parties égales) . . .	25	65	77	71	68	65	66	64	67	66	65	66	66	65	67	64	64	64	64	64	64
9	Thé vert et pekao (parties égales) . . .	25	70	77	75	73	74	74	74	74	72	72	74	72	73	72	73	72	71	73	72	73
10	Thé vert, pekao et Brésil (parties égales)	25	68	75	72	71	71	69	75	70	70	69	69	69	66	68	69	68	68	70	68	68
11	Maté du Paraguai.	26,25	64	72	69	74	72	74	72	70	74	72	72	68	72	70	71	68	70	70	68	66
12	Maté du Paraguai.	25	64	76	73	71	67	70	71	68	68	68	64	67	68	68	64	64	66	64	64	64
13	Maté du Paraguai. .	25	68	76	74	73	70	74	71	75	75	73	71	72	68	72	68	68	69	71	72	72
14	Maté du Paranagua .	24,25	58	69	69	65	65	66	66	69	66	67	65	64	65	64	64	66	66	60	62	63
15	Maté du Paranagua .	21,75	61	69	70	69	68	68	70	68	67	67	69	68	64	67	70	66	68	66	67	
16	Café de Porto-Ricco ?	25	61	72	69	69	67	67	66	67	67	66	66	64	64	64	65	62	64	65	63	64
17	Café de Porto-Ricco ?	24,25	67	74	73	73	74	73	67	67	70	67	69	68	68	68	68	65	65	63	68	65
18	Café de Porto-Ricco ?	26,25	67	70	73	70	70	75	73	72	70	72	72	68	69	66	66	68	67	68	67	67
19	Café des Yungas . .	25	58	69	65	60	60	61	61	60	60	60	59	58	59	60	59	59	60	60	60	60
20	Café Moka	22,5	62	69	68	68	68	69	68	68	68	69	69	68	70	70	69	70	67	70	70	68
21	Cacao de la Paz . .	22	56	65	64	64	63	61	60	60	60	57	59	60	65	65	66	66	63	65	62	64
22	Cacao de la Paz . .	25,25	63	74	69	66	68	68	66	67	67	68	66	66	67	68	66	68	68	66	66	66
23	Cacao de la Paz . .	25	63	75	68	69	65	66	66	65	66	66	65	66	65	64	63	64	64	64	64	63
24	Cacao de la Paz . .	21,25	64	72	69	69	69	69	70	71	70	71	71	71	64	68	72	69	70	68	66	67
25	Cacao de la Paz . .	22,25	63	73	70	70	70	70	70	69	68	69	65	65	67	66	65	64	62	66	63	67
26	Coca des Yungas . .	21,25	72	77	78	74	74	76	77	76	74	73	76	75	76	77	73	74	74	75	75	75
27	Coca des Yungas . .	23,75	59	70	72	75	74	71	71	70	71	71	70	70	72	73	74	72	70	71	68	68
28	Coca des Yungas . .	21,25	66	72	72	75	75	74	76	75	72	70	72	71	71	70	70	69	71	70	70	69
29	Coca des Yungas . .	22,50	63	78	75	72	75	75	74	75	71	70	71	69	70	73	71	72	69	72	71	72
30	Coca des Yungas . .	22,5	62	75	74	74	74	74	71	75	75	72	74	75	75	75	74	75	76	72	76	73

Les conséquences que le professeur Mantegazza tire de ce tableau et de quelques autres expériences confirmatives, qu'il croit inutile de rapporter, sont les suivantes :

« 1° Toutes les boissons chaudes augmentent les pulsations du cœur; le maximum a lieu presque immédiatement après l'ingestion et il va décroissant insensiblement, jusqu'à ce que le pouls revienne à son état normal.

» 2° L'eau pure, avant qu'une heure et demie se soit écoulée, amène presque toujours une diminution dans le nombre des pulsations. Ce fait, qui se reproduit quelquefois, quoique rarement, pour le thé et le café, n'a lieu pour ces boissons que plus tard.

» 3° L'augmentation du pouls, sous l'influence de l'eau chaude, est suivie d'un état de lassitude appréciable dès que le pouls revient à son type normal, et plus sensible encore lorsqu'il s'abaisse au-dessous, tandis que les autres boissons ne laissent aucune sensation de faiblesse, soit que le pouls ait repris son type normal, soit qu'il se trouve en dessous.

» Dans l'expérience n° 5, où, après avoir pris de l'eau chaude, le pouls redevint normal, à la suite de l'accroissement de fréquence, je n'éprouvai, » ajoute M. Mantegazza, « aucun malaise, mais il est à noter que le soir auparavant j'avais mâché une demi-once (15 grammes) de coca, ce qui m'avait procuré un état de surexcitation : ce fait qui, à première vue, paraîtrait une exception, est, au contraire, la confirmation de la loi physiologique, qui établit que les causes débilitantes ont d'autant moins de prise que l'organisme est plus en état de leur résister.

» 4° L'accélération du pouls varie suivant les diverses boissons, et on peut les classer numériquement ainsi qu'il suit, d'après mes expériences :

Eau pure	39,8
Thé	40,6
Café	70,0
Cacao.	87,4
Maté	106,2
Coca	159,2

» Ainsi l'infusion d'érythroxylon coca excite le cœur quatre fois plus que l'eau chaude et le thé, et deux fois plus que le café; la substance qui s'en rapproche le plus est le maté. Le cacao serait un peu plus excitant que le café.

» 5° L'influence qu'exercent les boissons chaudes sur le cœur, varie suivant une infinité de circonstances, comme on s'en aperçoit facilement en parcourant les chiffres du tableau, et jusqu'à ce moment, on peut dire que le pouls augmente d'autant plus de fréquence qu'il était plus lent à son départ, et vice-versâ. »

Comme ces résultats de la coca sur la circulation pouvaient être attribués exclusivement à l'effet de son infusion chaude, M. Mantegazza cherche à démontrer qu'ils sont également la conséquence du mode d'emploi, connu sous le nom de mastication, où l'influence du calorique est entièrement éliminée, et que d'ailleurs ils prennent d'autant plus d'intensité que les doses de la feuille sont plus considérables. « Outre que la coca, dit-il, augmente le nombre des pulsations du cœur, si elle est administrée à doses plus fortes (de 100 grains à quelques drachmes (55 centig ou plus par exemple), elle détermine une fièvre passagère, avec accroissement de chaleur et accélération de la respiration. J'ai observé une fois que, sous son influence, la température s'était élevée à la paume de la main à + 57°,5° et deux autres fois, jusqu'à + 58°,75° sous la langue. Pendant la réaction vasculaire, la face se colore et les yeux brillent. A doses encore plus fortes, on éprouve des palpitations du cœur, et la congestion du sang vers les centres devient manifeste. Après l'emploi de trois drachmes (114 grammes) j'ai éprouvé pendant quelques instants un spasme cardiaque et j'ai eu froid aux pieds et aux mains.

» Le plus grand accroissement du pouls, sous l'influence de la coca, a été de 134 pulsations, le chiffre normal étant de 65. »

M. Bolognesi a fait des observations analogues. Il m'a assuré que de tous les symptômes produits par la coca chiquée, son action sur le rhythme du pouls lui a paru le plus constant, et que cet effet se prolongeait souvent assez longtemps après la cessation de son emploi. Lui-même, dit-il, quoique en ayant abandonné l'usage depuis près de quatorze ans, a conservé dès lors une fréquence du pouls assez grande, sans pour cela que sa santé en ait souffert et sans qu'il ait éprouvé de palpitations ou de dyspnée. Il reconnait, il est vrai, qu'étant très-jeune encore et d'un tempérament sanguin, il avait dès le début fait usage de doses élevées de coca, et qu'il avait éprouvé soit des congestions du sang à la tête, soit une excitation générale. La coca mâchée lui a paru avoir une action plus forte et plus soutenue que la coca infusée ; ses effets lui ont également semblé plus énergiques, lorsqu'on en faisait usage par intervalles que d'une manière continue.

Ce que je viens de dire des effets produits par la coca sur le système vasculaire nous explique la propriété qu'on lui attribue de favoriser la *caloricité*, et quoique cet accroissement de chaleur vitale n'ait pas été mesuré scientifiquement dans la plupart des cas, il ressort de toutes les relations des voyageurs, qui nous dépeignent les consommateurs de coca, comme résistant aux froids les plus vifs de jour et de nuit, quoique privés de vêtements chauds, d'abris convenables, de combustibles en suffisante quantité, bravant les neiges, les pluies froides, les vents glacials qui règnent une partie de l'année sur les plateaux des Andes, sans en être éprouvés comme ceux qui ne font pas usage de cette plante.

Mais cette propriété n'est, pour ainsi dire, que secondaire, en regard de celles qui lui sont reconnues par tous les écrivains sans exception, dans l'action qu'elle paraît exercer sur les fonctions digestives et musculaires.

Déjà nous avons fait remarquer que la coca déterminait sur la membrane muqueuse de la bouche une stimulation assez énergique, qui ne pouvait manquer de se communiquer aux organes voisins. La plupart des observateurs parlent en effet de la salive, comme d'une sécrétion fort activée par cette substance, et étant avalée au fur à mesure, elle peut agir d'une manière avantageuse dans l'acte de la digestion, concurremment avec l'influence directe de la coca sur l'estomac lui-même. Toutefois, on conçoit que cette sécrétion puisse diminuer ou même devenir plus fluide, à la suite d'une stimulation trop prolongée ou abusive.

Quant à l'action normale avantageuse de la coca pendant la digestion, voici comment s'exprime le professeur Mantegazza :

« Peu de temps après avoir avalé la salive imbibée du suc de la feuille, on éprouve dans l'estomac une sensation de bien-être qui ne s'accompagne ni d'affadissement, ni d'irritation, mais qui se rapproche de ce qu'on ressent, lorsqu'on a la conscience d'une bonne digestion. Si l'estomac est vide, cette sensation n'est pas en général perçue; mais lorsqu'on mâche la coca après le repas, il est impossible que la personne la moins impressionnable ne s'aperçoive pas de ses effets avantageux. Dans ce cas, cinq ou dix minutes après avoir commencé l'usage de la feuille, une excitation bienfaisante annonce que la fonction digestive s'opère avec plus de facilité et de promptitude que d'ordinaire. Ce bien-être est reconnu plutôt par les personnes dont les digestions sont habituellement lentes ou difficiles.

» La coca agit sur l'estomac d'une manière très-mystérieuse, car elle n'accélère pas la digestion en produisant une forte irritation, puisque en ayant fait un usage journalier pendant deux ans, je n'ai jamais observé qu'elle ait irrité mon estomac, même prise à fortes doses. Elle paraît exciter doucement le système nerveux de cet organe, en rendant plus faciles ses fonctions. Ainsi, je ne puis absolument pas occuper mon esprit après le repas sans éprouver un mal de tête et une mauvaise digestion, et ce n'est que quand je mâche de la coca, ou que j'en prends une infusion chaude, que je suis capable de faire avec facilité des lectures après le repas, sans ressentir de fatigue d'estomac ni de cerveau.

» On éprouve les mêmes effets sur la digestion, si au lieu de chiquer la coca, on en prépare une infusion chaude, à la dose d'un denier (1 gram. 20 centig.) à un demi-gros (1 gram. 80 centig.) de feuilles sèches, pour une tasse ordinaire d'eau bouillante. »

Mais si l'on fait usage de la coca à jeun, et l'estomac étant vide, voici que se manifesterait une seconde propriété, non moins remarquable que la première, car elle permettrait à l'Indien, au voyageur, de se passer d'aliments pendant un temps plus ou moins long, sans déperdition aucune des forces et sans ataxie de ces mêmes forces. Les faits qui paraissent venir à l'appui de ce phénomène surabondent: je me contenterai d'en citer quelques-uns, rapportés par des auteurs dont on ne peut suspecter ni la bonne foi, ni l'esprit d'observation, et je reviendrai plus tard à l'explication qu'on en propose, mais sur laquelle les opinions ne sont pas aussi concordantes.

Le docteur de Tschudy nous dit :

« Je puis fournir ici un exemple de la faculté étonnante dont jouissent les Indiens de supporter la fatigue, sans autre ressource que la coca. J'employais un cholo de Huari, nommé Hatun Hua-mang, à faire un travail pénible à la pioche. Pendant tout le temps qu'il fut à mon service, savoir : cinq jours et cinq nuits, il ne prit aucune nourriture et ne dormit que deux heures par nuit. Mais, toutes les deux heures et demie ou trois heures, il chiquait régulièrement environ une demi-once espag. (14 gram.) de feuilles de coca [1], et tenait constamment sa chique dans sa bouche. Je ne le perdis pas de vue pendant tout ce temps. Le travail étant terminé, il m'accompagna deux jours, dans un voyage de vingt-trois lieues, à travers les hauteurs, et, quoique à pied, il suivit le pas de ma mule, ne s'arrêtant que pour préparer sa chique. En me quittant il me déclara qu'il s'engagerait volontiers à répéter la même besogne sans manger, pourvu que je lui donnasse une quantité suffisante de coca. Le prêtre du village m'assura que cet homme avait 62 ans et qu'il n'avait jamais été malade. »

Le même auteur affirme en outre avoir observé que, toutes les fois qu'il avait fait usage de l'infusion de coca, il éprouvait beaucoup de rassasiement et ne sentait aucun désir de prendre le repas suivant, même lorsqu'il était retardé.

Le docteur Unanué cite l'exemple d'un Indien Cagnari, qui faisait l'office de courier entre les villes de Chiquisaca et de la Paz, distantes de plus de cent lieues l'une de l'autre et qui n'emportait chaque fois, pour toute nourriture dans ce long trajet, que 2 livres pesant (920 grammes) de maïs torréfié, ou de pommes de terre gelées et séchées, et sa provision de coca.

Il rapporte aussi que, pendant le siége de la Paz par les Indiens

[1] En admettant les expériences d'Unanué comme positives, cet Indien ayant consommé environ quatre onces d'Espagne (114 grammes) de feuilles dans les vingt-quatre heures, aurait absorbé dans le même temps environ deux onces (56 grammes) d'extrait aqueux en consistance pilulaire, soit quarante-quatre grammes environ d'extrait sec.

révoltés, dans l'hiver de 1781, et qui dura plusieurs mois, les habitants de la ville, réduits à manger des cuirs ou des animaux immondes, recoururent enfin à l'usage de la coca, et que ceux qui avaient eu le bon sens de le faire, furent les seuls qui purent résister aux fatigues du siége, aux rigueurs du froid, au sommeil et à la faim.

M. Stevenson, qui a résidé pendant vingt ans dans l'Amérique du Sud, s'exprime de la manière suivante sur ces effets de la coca. « Les naturels de plusieurs parties du Pérou, surtout des districts où il y a des mines, mâchent cette feuille lorsqu'ils y travaillent ou qu'ils voyagent; et, telle est la substance nutritive qu'ils en retirent, que souvent ils sont quatre à cinq jours sans prendre d'autre nourriture, même en travaillant sans interruption. Ils m'ont souvent assuré que, pendant qu'ils avaient une bonne provision de coca, ils n'éprouvaient ni faim, ni soif, ni fatigue et que, sans nuire à leur santé, ils pouvaient rester huit à dix jours et autant de nuits sans dormir. »

M. de Castelnau, après avoir signalé l'agilité de ses guides indiens, qui suivaient à pied les chevaux, même lorsqu'ils étaient lancés au galop, dit, qu'il « est curieux de voir ces hommes supporter de grandes fatigues, tout en ne prenant quelquefois, pendant une journée entière, d'autre nourriture que celle qu'ils peuvent extraire d'une bouchée de feuilles de coca. » « Cette plante, » ajoute-il, « possède des vertus extraordinaires. Avec son secours seul les Indiens ont fait des marches forcées de plus de cent lieues et, bien que très-amaigris, ils paraissent, en arrivant, avoir conservé toutes leurs forces. »

Le professeur Poeppig, qui certes n'est pas favorable à la coca, convient qu'on voit souvent les Indiens supporter la faim d'une manière surprenante par l'usage de la coca. « Le même Indien, » dit-il, « peut travailler ainsi pendant douze et même vingt-quatre heures, sans autre aliment qu'une poignée de maïs torréfié. Il n'est pas non plus rare de voir des porteurs, chargés de poids de cent livres, faire dix lieues en huit heures, à travers des chemins affreux, sans autre secours alimentaire que leur chique de coca. »

Le docteur Scherzer cite des faits également concluants. Un négociant, nommé Campbell, établi depuis quatorze ans à Tacna, lui raconta qu'ayant entrepris un voyage avec un Indien, celui-ci avait fait à pied trente *leguas* par jour (la legua-vara = six kilomètres) en ne mangeant que quelques grains de maïs rôti, tout en chiquant constamment de la coca. Le soir, arrivés dans une halte, tandis que lui se trouvait très-fatigué de sa course à cheval, l'Indien, après un court repos, avait repris le chemin de son domicile, sans autre nourriture que sa coca. Le même négociant, ayant envoyé un Indien, de la Paz à Tacna, villes qui sont à quatre-vingt-trois leguas, soit deux cent quarante-neuf milles anglais de distance, l'une de l'autre, cet homme, parti de la Paz le 1er avril 1859, arriva à Tacna le 5, se reposa un jour, repartit le 7 et fut de retour à la Paz cinq jours après, ayant traversé dans ce trajet un col de la Cordillière, dont l'altitude est de treize mille pieds et sans autre nourriture qu'un peu de maïs rôti et son sac de coca. Les chiqueurs de coca, ajoutait M. Campbell, sont dégagés, vigoureux, musculeux et la chique n'exerce point d'influence fâcheuse sur les organes de la mastication, comme le fait le bétel, ni sur la santé en général.

M. Angrand est non moins explicite à cet égard, lorsqu'il dit : « Le fait est que les Indiens peuvent supporter en voyage une abstinence absolue de trente-six à quarante-huit heures, pourvu qu'ils aient constamment de la coca dans la bouche. Avec une quantité très-minime d'aliments, tels que maïs ou farine d'orge grillée, représentant le quart (ou même moins) de leur ration ordinaire, les Indiens supportent sans souffrir de la faim, les fatigues d'un voyage de dix à quinze jours, en parcourant quinze à vingt lieues en vingt-quatre heures. » Il m'assura avoir été fréquemment témoin de ces prodiges d'activité musculaire, malgré la chétive nourriture de l'Indien, et entre autres il citait l'exemple des courriers qu'il envoyait porter des dépêches de la Paz à Tacna. Or ces courriers, rapportant de suite les réponses, parcouraient cent soixante-six lieues en sept jours, la blague de coca, il est vrai, bien garnie, mais sans autre aliment qu'une demi-once d'Espagne (42 grammes) environ de gruau d'orge grillé par jour.

M. Bolognesi, dirigeant en 1850 une exploitation de quinquina

6

dans la vallée de Marcapata, sur les versants orientaux des Andes, me raconta qu'il était resté huit jours sans manger autre chose que des portions du tronc d'une espèce d'arbre qu'on nomme *Cucalon,* mais en même temps il mâchait de la coca et fumait du tabac et il put ainsi, non-seulement supporter ce régime débilitant, mais n'éprouver aucune fatigue, quoique obligé de parcourir à pied, du matin au soir, un terrain des plus accidentés.

Don José Manoel Valdez y Palacios, parlant de la feuille de coca, dit: « Quant à ses qualités, elles sont très-surprenantes. Les Indiens qui en font usage peuvent résister aux travaux les plus forts des mines, non moins qu'aux exhalaisons métalliques pernicieuses, sans repos et sans aucune protection contre les intempéries du climat. Ils font à pied des centaines de lieues, à travers les déserts et les montagnes escarpées, en ne se soutenant qu'avec la coca, et fréquemment ils travaillent comme des mules, portant des charges sur leurs épaules, dans des lieux où les mulets ne peuvent pas passer..... Avec la coca et une poignée de maïs torréfié, l'Indien fait des centaines de lieues à pied, courant aussi vite qu'un cheval. Quand nous voyagions dans les Andes, parcourant de grandes distances, nous le faisions toujours avec un Indien qui nous précédait, et il arrivait que, dans les jours sereins, le cheval se fatiguait avant l'Indien.

M. de Martius, qui eut l'occasion de vérifier, au Brésil, l'usage qu'y faisaient les Indiens de la poudre de feuilles de coca, dit : « Ils s'en servent comme de stimulant, surtout pour apaiser la faim, et pour éloigner le sommeil pendant un certain temps. Elle augmente la sécrétion de la salive, développe une sensation de chaleur et de plénitude dans la bouche et l'estomac, et diminue ainsi la faim. Prise en petites quantités, elle excite les esprits vitaux, de manière à donner de la gaieté, à produire une plus grande activité musculaire et à faire oublier les soucis; mais, prise à fortes doses, ou par des personnes dont les nerfs sont faibles, elle a pour conséquence une détente et de la somnolence. Je vis, sur le Yupura, le chef d'une horde de Miranhas, qui avait à faire une longue et pénible excursion, distribuer à ses compagnons, pour les préserver de la fatigue, cette poudre à doses égales, à l'aide d'une cuiller faite avec des os de lamantin. Lorsque l'Indien est couché dans son hamac, il en fait usage de temps à autre, et la garde longtemps dans ses joues, pour favoriser la rêverie qui est en harmonie avec son indolence. »

On ne peut méconnaître, dans ces effets divers, l'intervention d'un agent très-énergique soit sur les nerfs de l'estomac, soit spécialement sur ceux de la motilité.

Quoique la plupart des voyageurs dotent la coca de la faculté d'apaiser la soif aussi bien que la faim, lorsqu'elle est mâchée, nous pensons qu'il faut se tenir en garde contre les exagérations dans ce sens, car il est évident que la sécrétion salivaire trop abondante, doit quelquefois amener finalement un état de sécheresse de la bouche. C'est en effet ce que signale le professeur Mantegazza ; mais, en même temps, il est facile de comprendre que si, dans le plus grand nombre de cas, cette qualité se manifeste réellement, elle ne saurait être indifférente aux populations qui parcourent les plateaux élevés des Andes, dont l'air est ordinairement sec et où le manque d'eau se fait souvent sentir, aussi bien qu'à celles qui habitent les côtes méridionales et occidentales du Pérou et de la Bolivie, et qui, comme nous l'apprend Pradier, sont appelées à traverser, pendant des journées entières, des déserts de sables brûlants.

J'ai dit que l'explication de ces phénomènes extraordinaires avait donné lieu à des opinions controversées.

Le docteur Unanué attribue la faculté qu'exerce la coca sur les fonctions digestives et musculaires, non-seulement à la tonicité qu'elle imprime au système nerveux, mais de plus à un élément nutritif et analeptique qu'elle renfermerait, et, à l'appui de son assertion, il rappelle la quantité d'une demi-once d'extrait aqueux qu'il aurait obtenu, en moyenne, de chaque once de feuilles sèches.

Le docteur de Tschudy est du même avis. « Que la coca, » dit-il, « ait une faculté nutritive très-énergique c'est un fait qui ne saurait être contesté. Les fatigues incroyables supportées par les troupes de l'insurrection, presque sans vivres, grâce à l'emploi de la coca, et les travaux accablants des mines auxquels ont résisté les Indiens pendant de longues années, à l'aide de cette même ressource, me paraissent des preuves convaincantes que la coca ne possède pas seulement une faculté stimulante temporaire, mais un principe nutritif puissant. »

En revanche le docteur Weddell, tout en admettant les faits qui prouvent la faculté que possède cette plante de soutenir les forces, en l'absence de toute alimentation, et sans nier l'existence du principe nutritif, puisque l'analyse démontre la présence dans la feuille d'une quantité assez notable d'azote, à côté de produits carbonés assimilables, croit que la proportion de ces substances est si faible, relativement à la masse totale de la feuille et surtout à la quantité que l'Indien en ingère en un temps donné, qu'on peut à peine les prendre en considération. Dans tous les cas il affirme que la coca ne rassasie pas, et il en donne pour preuve la voracité temporaire des Indiens. Il est donc disposé à admettre que la coca ne fait que tromper la faim, en agissant d'ailleurs sur l'économie animale, comme excitant d'une manière soutenue et toute spéciale.

M. Angrand fait également observer que l'utilité de la coca comme substance alimentaire, peut être mise en doute, que ce n'est pas un aliment dans le sens absolu du mot, mais qu'elle est une *occupation* pour les nerfs, par ses qualités aromatiques, et pour l'estomac, par la quantité de salive qu'elle y fait affluer. La coca, suivant lui, peut donc être appelée un trompe-la-faim réellement efficace, et c'est le seul à sa connaissance qui réussisse.

La théologie catholique du dix-septième siècle n'avait pas négligé cette question, en vue de l'administration des sacrements, et le père don Alonzo de la Peña Montenegro, savant casuiste, l'avait résolue, en niant la présence d'un principe alimentaire dans cette plante.

Tout en étant disposé, jusqu'à un certain point, à adopter cette dernière manière de voir, je me permettrai toutefois de faire remarquer que, si la proportion des principes solubles dans les feuilles de coca est aussi forte que les expériences d'Unanué ou les nôtres semblent l'indiquer, et si l'on peut ainsi absorber, exceptionnellement il est vrai, dans les vingt-quatre heures, jusqu'à deux onces d'Espagne (56 grammes) de l'extrait en consistance pilulaire, ou près de 45 grammes d'extrait sec, il faut bien tenir compte de son introduction dans l'économie, par conséquent ne pas rejeter tout à fait la coopération d'un principe nutritif, quoique faiblement azoté.

Entre les opinions opposées, il me semble donc qu'on pourrait essayer d'en formuler une troisième, plus en harmonie avec les faits observés jusqu'à ce jour.

On ne saurait sans doute refuser à la coca une action excitante sur le système nerveux, si les faits relatés sont tels qu'on nous les a dépeints ; mais cette influence, comme nous l'avons vu, peut varier de direction suivant diverses circonstances. En effet, si l'on prend la coca pendant la digestion, elle paraît favoriser cette fonction ; en fait-on usage à doses un peu élevées et continues, elle diminue la faim, tout en donnant du ton au système musculaire. Dans ce dernier cas, elle n'agit donc pas uniquement comme débilitant, comme trompe-la-faim, ou comme simple modificateur des sécrétions gastriques [1], mais aussi vraisemblablement par la stimulation qu'elle communique à l'ensemble de l'économie, elle prévient les pertes matérielles incessantes, de

---

[1] La sécrétion salivaire alcaline augmentée, ainsi que l'addition de la Llipta alcaline (potasse ou chaux) non-seulement tendent à favoriser la dissolution des principes extractifs, mais aussi à calmer la sensation de la faim, vu que cette sensation paraît due en partie aux sécrétions acides qui s'opèrent dans l'estomac et que ces substances alcalines neutralisent. C'est vraisemblablement dans le même but, que certaines tribus indiennes, dans les plaines du Brésil, avalent, dit-on, dans les temps de disette, des boulettes d'une espèce d'argile, et que les loups useraient de la même ressource, lorsqu'ils sont forcement à jeun dans certaines saisons. Le régime végétal, qui fait la base de la nourriture chez les habitants des plateaux, paraît d'ailleurs requérir, comme chez les animaux herbivores ruminants, cette plus grande proportion de principes alcalins ou absorbants, car les créoles espagnols eux-mêmes établis sur les plateaux, et qui ne font usage ni de la coca, ni de la Llipta ont introduit dans leur régime alimentaire une substance argileuse blanchâtre, le *Chaco*, qui dissoute dans l'eau, est pour eux un succédané du lait. Au Mexique et dans l'Amérique centrale, où les femmes créoles ont une alimentation principalement végétale, consistant en fruits, farineux mal levés, boissons acides et mucilagineuses, etc., elles montrent également un goût décidé pour mâcher une espèce de terre, nommée *Barro de Guadalaxara* ou *Bucaro*, dont on fabrique des jouets et une poterie. Enfin, en Asie, les peuples qui se nourrissent de riz et de végétaux acides, ont recours au masticatoire, connu sous le nom de *Betel*, où la chaux vive, combinée à un excitant et à un astringent, joue le rôle principal.

manière à rendre moins nécessaire leur réparation immédiate et absolue. Or, ces réparations n'ayant plus besoin d'être aussi considérables, on conçoit que la portion de matière extractive soluble des feuilles, toute faible qu'elle est, une fois assimilée, puisse suffire, jusqu'à un certain point et pour un temps limité, à maintenir l'équilibre matériel.

On a aussi cherché à expliquer, chez les Péruviens, ce phénomène d'une alimentation insuffisante, n'apportant aucune diminution dans les forces, par l'influence de l'air vif des hautes montagnes et par une espèce d'habitude ou de résignation de l'estomac à supporter la faim. Sans doute, ces causes peuvent, jusqu'à un certain degré, entrer en ligne de compte, dans le cas particulier; mais elles ne sauraient s'appliquer à d'autres populations, à d'autres climats, placés dans des conditions très-différentes et où cependant le même phénomène, dit-on, se répète et se constate. Nous avons vu que, dans les plaines du Brésil, M. de Martius s'en est assuré, et le professeur Mantegazza affirme, d'après son expérience, que l'action de la coca est semblable sous tous les climats, sous toutes les latitudes, en Europe aussi bien qu'en Amérique. On a même remarqué sur les plateaux des Andes, que les Indiens, lorsqu'ils cessent de chiquer la coca, éprouvent aussi vivement la sensation de la faim que ceux qui s'en sont toujours abstenus, et que les effets débilitants, qu'ils ressentent alors, sont, pour ainsi dire, plus marqués chez eux que chez les créoles.

Quant à la faculté de calmer la soif, elle peut s'expliquer surtout par le fait de l'abondance et de la continuité de la sécrétion salivaire, qui humecte l'arrière-bouche. Du moins les voyageurs disent avoir obtenu un résultat analogue de la mastication d'autres substances, pourvu que la salivation fût provoquée. D'ailleurs, par ce mode d'emploi, on est forcé de tenir la bouche fermée et on empêche ainsi en partie la trop grande évaporation et le trop grand desséchement de la bouche.

Si la coca, employée à doses modérées, stimule d'une manière soutenue et harmonique les fonctions des nerfs du mouvement, elle ne paraît pas agir de même sur ceux de la sensibilité, ou du moins elle ne les excite en aucune façon, au dire du professeur

Mantegazza. Si l'on porte les doses de la feuille au delà d'un certain point, ou qu'on expérimente isolément quelques-uns de ses principes, on obtient même des effets de contre-stimulation. Le professeur Poeppig et M. Mantegazza croient avoir remarqué alors une véritable diminution de la sensibilité, et Niemann annonce que la cocaïne aurait produit après quelques minutes, sur la partie de la langue en contact, une espèce d'engourdissement et presque d'insensibilité. Mais il règne à cet égard encore beaucoup d'incertitude, car tandis que M. de Tschudy signale des accidents de photophobie et une dilatation de la pupille, Niemann nie cette même dilatation.

L'excitation nerveuse générale produite se ferait aussi sentir à la surface cutanée, sous forme d'éruptions érythémateuses. Ainsi le professeur Mantegazza dit que, après avoir fait un usage modéré de la coca pendant quelques jours, il a vu paraître auprès des paupières une petite plaque de pityriasis, qui disparaissait en en abandonnant quelque temps l'usage. Il a même vérifié ce fait deux fois, dans deux climats différents, ce qui l'empêche de le considérer comme une simple coïncidence. D'autres fois, il a remarqué que celui qui n'est pas encore habitué à l'usage de la coca pouvait quelquefois voir apparaître sur ses membres ou sur son tronc, après la mastication de quelques drachmes, des taches érythémateuses passagères, ou bien éprouver un piccotement à la peau, accompagné d'une rougeur plus vive que d'ordinaire au moindre frottement. Mais il n'a jamais vu apparaître les sueurs, si ce n'est consécutivement à l'état fébrile.

La coca exercerait aussi une action positive sur quelques sécrétions.

Nous avons déjà fait mention précédemment de la sécrétion salivaire; je n'y reviendrai donc pas. Peu de temps après en avoir mâché un ou deux drachmes (4 à 8 grammes), on éprouverait, d'autre part, une sensation de sécheresse des yeux et de la membrane pituitaire, et cet effet serait d'autant plus sensible que la dose serait plus considérable. Elle paraît être le résultat direct d'un défaut de sécrétion de la glande lacrymale et précéderait l'injection légère des yeux, qui se manifeste plus tard comme symptôme de congestion cérébrale.

M. Mantegazza dit avoir remarqué quelquefois une augmentation des urines, et M. Bolognesi les a vues colorées et plus odorantes.

Les sécrétions hépatiques restent normales; celles des intestins, loin d'être plus abondantes, s'accompagnent quelquefois de constipation; les selles sont plus foncées et perdent leur odeur stercorale, pour prendre celle de la plante.

Les sécrétions des organes générateurs paraissent également influencées par la coca; du moins cette remarque doit avoir été faite par les anciens habitants du Pérou; car, d'après le témoignage d'Unanué, leur Vénus était représentée dans les figurines (*carimunachi*) avec une feuille de coca à la main, et les galants croyaient pouvoir se rendre favorables les belles auxquelles ils s'adressaient, en plaçant dans leurs mains cette figurine et l'arrosant avec de la *chicha*, c'est-à-dire la liqueur fermentée retirée du maïs. — Même de nos jours, la coca paraît jouer un rôle important dans les cérémonies nuptiales des Indiens, si l'on en croit certaines relations, et l'influence qu'elle exerce sur la circulation du sang, en déterminant des congestions vers la tête, justifie jusqu'à un certain point cette croyance. — On suppose même que l'usage habituel de cette plante maintient les facultés viriles jusqu'à un âge très-avancé. Le fait est que, par son emploi, ces facultés semblent prendre et conserver une activité remarquable, et que peu de pays peuvent se vanter, comme le Pérou, de posséder des vieillards aussi vigoureux, malgré la répétition souvent abusive de l'acte générateur. On m'a cité des exemples de chiqueurs de coca, arrivés à l'âge de quatre-vingts ans, et cependant capables de prouesses, que ne renieraient pas des jeunes gens dans la vigueur de l'âge.

Enfin, comme complément de l'influence physiologique salutaire des feuilles de ce végétal, nous dirons que les vieillards *coqueros* sont loin d'être rares. Déjà nous avons cité le témoignage du docteur de Tschudy, en parlant d'un vieillard de cent trente ans; cet auteur ajoutait que ce fait est loin d'être exceptionnel. Voici deux autres cas que m'a rapportés M. Bolognesi :

Étant en 1850 à Marcapata, il vit un Indien fort et vigoureux qui coupait du bois et chantait en latin. Il s'approcha de lui et lui demanda où il avait appris cette langue. L'Indien lui répondit qu'à l'âge de vingt-huit à trente ans, il avait été sacristain sous les Jésuites, avant leur expulsion du Pérou. Or, l'événement avait eu lieu en 1768; le vieillard, consommateur de coca depuis son enfance, avait donc cent seize à cent dix-huit ans, lorsque M. Bolognesi le vit et lui parla.

Cette même année et dans la même localité, il rencontra un second Indien, dont le métier, toute sa vie, avait été de porter des fardeaux énormes, de la vallée sur les plateaux, à travers les précipices de la Cordillière, et qui, à cette époque, faisait encore le trajet avec deux arrobes de coca sur les épaules. Mais en 1780, lors de la fameuse insurrection des Indiens contre les Espagnols, il y avait pris part, à l'âge de trente ans, en qualité de sergent, avec le chef connu sous le nom de Toupac-Amaru. Il était donc né en 1750 et était parvenu à sa centième année, sans infirmité et sans faiblesse.

M. Campbell, dont parle le docteur Scherzer, lui dit avoir connu en 1859 un Indien, chiqueur de coca, qui avait pris part à la même insurrection de 1780 et qui, quoique caduque physiquement, avait conservé toutes ses facultés intellectuelles.

M. Mantegazza cite un fait qui prouve que ces effets avantageux de la coca, prise à doses modérées, sont l'apanage des femmes aussi bien que des hommes.

« Mme N..., » dit-il, « vieille Indienne (*Chola*) de quatre-vingt-dix ans, née à Humahuaca, province de Jujuy (Confédération Argentine), sèche, mince et des plus actives, est habituée à faire un usage journalier de cette feuille depuis son âge mûr, sans aller jamais jusqu'à l'abus ou l'ivresse. Bien portante dans sa jeunesse, aussi bien qu'à l'âge critique, elle n'a point eu à se plaindre de la plus légère indisposition. Seulement elle diminue peu à peu la quantité de ses aliments, dont elle a senti d'autant moins le besoin qu'elle devenait plus âgée. D'ailleurs elle jouit, dans toute leur plénitude, de son intelligence et de ses sens, et est d'une excellente humeur, à faire envie aux jeunes gens les plus robustes. »

Jusqu'ici je me suis borné à passer en revue quelques-uns des symptômes physiologiques produits par l'usage de doses modérées de coca, et, en conséquence, nous avons vu son action tonique et excitante n'influer que d'une manière harmonique sur le système nerveux en général, quoique exerçant une action plus spéciale sur certaines parties de ce système, mais sans jamais modifier d'une manière très-notable les fonctions du centre nerveux cérébral.

Il n'en est plus de même lorsqu'on va au delà et que son abus, imprudent ou vicieux, vient remplacer l'usage rationnel et judicieux qu'on pouvait en faire. Les doses élevées ou répétées déterminent alors un trouble plus marqué de la circulation, favorisent en particulier des congestions brusques et actives du sang vers la tête, et il se manifeste une nouvelle série de symptômes, plus ou moins insolites, plus ou moins intenses, surtout chez les individus qui n'en ont pas l'habitude, excès contre lesquels il est bon de se tenir en garde, tout aussi bien que contre les excès alcooliques.

C'est ainsi que M. Bolognesi, au début, constata des accidents de congestion pénible et de douleurs céphaliques, avec vomissements bilieux, à la suite de l'ingestion de fortes doses de coca [1].

Ce sont des doses élevées auxquelles ont recours les Indiens du Pérou, lorsqu'ils veulent obtenir des effets aphrodisiaques caractérisés, reconnus comme tels par MM. Mantegazza et Bolognesi, sans présenter cependant les inconvénients, qu'exercent d'autres médicaments du même genre, sur la vessie urinaire ou l'urètre. Ce sont enfin des doses élevées et répétées qui amènent ce qu'on a désigné sous le nom d'*ivresse cocaline*, que la plupart des auteurs, et en particulier M. de Tschudy, nous ont signalée, mais dont le professeur Mantegazza nous a fourni une description détaillée, d'après l'expérience personnelle qu'il en a faite. Aussi je crois ne pouvoir mieux en donner une idée qu'en rapportant ses propres paroles :

« Peu de temps, » dit-il, « après avoir mâché un ou deux

[1] Pour faire cesser cet état de surexcitation incommode, les Indiens se contentent de faire des ablutions avec de l'eau froide, sur les bras et le tronc.

dragmes (4 à 8 grammes) de coca et en avoir avalé le suc, je commençai à éprouver une sensation de chaleur tiède, pour ainsi dire
fibrillaire, qui s'étendit à toute la surface de mon corps. D'autres
fois, on s'aperçoit d'un bourdonnement dans les oreilles, ou bien
on croit remarquer que les forces nerveuses vont en croissant,
que la vie devient plus active et plus intense, on se sent plus
robuste, plus agile, plus propre à toute espèce de travail. Chez
quelques personnes, j'ai vu un état de somnolence précéder la
conscience de la force, qui ne se manifestait que sous l'influence
d'une dose plus forte.

» En faisant un peu d'attention pour saisir les modifications de
la conscience, dans ce premier degré de l'ivresse cocaline, on remarque qu'elle est différente de celle produite par les alcooliques.

» Dans cette dernière, l'excitation nerveuse s'accompagne de
mouvements exagérés et toujours irréguliers, il se manifeste un
trouble général de pensées et d'actes musculaires, tandis que, dans
l'ivresse déterminée par la coca, il semble que la nouvelle force
s'introduit graduellement dans notre organisme et par tous les
pores, comme l'aurait fait une éponge imbibée d'eau; de sorte
que le charme de cette première période consiste presque entièrement, dans la conscience d'un accroissement de vie dont nous
jouissons, sans être tentés de mettre à l'épreuve l'augmentation
de force que nous avons acquise.

» La sensibilité et l'excitabilité ne s'accroissent jamais. Tandis
que l'intelligence devient plus active et que nous parlons avec
plus de véhémence, en un mot, tandis que nous sentons que le
mécanisme intellectuel est plus actif, notre sensibilité d'autre
part, loin d'être accrue en proportion, est souvent plutôt diminuée, et nous avons la conscience d'être moins propre à des travaux d'esprit d'un ordre supérieur. »

En cela la coca paraît au docteur Mantegazza agir d'une autre
manière que le café, et se rapprocher de l'opium, car suivant lui,
elle excite fortement tout le cerveau, sans lui fournir des sensations plus nombreuses ni plus délicates.

« Il m'arrivait, » continue-t-il, « plus d'une fois, de combiner,
sous l'action de la première dose de coca, quelque travail de peu

d'importance et de trouver qu'il ne suffisait pas pour donner essor
à ma surexcitation mentale, et, pendant que ma plume courait
sur le papier impatiente et rapide, je ne pouvais cependant enfan-
ter de nouvelles idées, ni formuler dans le moment même un travail plus considérable et d'un ordre supérieur, qui pût s'harmoni-
ser avec l'état exceptionnel de mon cerveau. »

» A partir de deux à quatre dragmes (6 à 12 grammes) on commence à s'isoler de plus en plus du monde extérieur et on est
plongé dans une conscience béate de jouissance, en se sentant
animé d'une vie surabondante. Une immobilité presque complète
s'empare de tous nos muscles, et les efforts de la parole nous
sont eux-mêmes pénibles, parce qu'ils paraissent troubler cette
atmosphère tiède et calme dans laquelle on est plongé. De temps
à autre, cependant, il semble que la plénitude de vie vous suf-
foque, on éclate en paroles énergiques et on est disposé à exercer
ses forces musculaires de diverses manières. Je suis naturellement des plus incapables dans toute espèce d'exercices gymnas-
tiques; mais arrivé à la dose de quatre dragmes (12 grammes)
de coca, je me sentais d'une agilité extraordinaire, et une fois je
sautai à pieds joints sur un secrétaire élevé, ayant tant de légèreté
et d'assurance, que je ne dérangeai pas même la lampe, ni les livres nombreux qui l'encombraient. D'autres fois, il m'arriva de
croire que j'étais capable de sauter sur la tête de celui qui se trouvait à mes côtés. En général, cependant, ces accès brusques ne
sont que des velléités passagères, et on retombe aussitôt dans une
heureuse somnolence, où l'on est tenté de rester plongé une journée entière, sans remuer un doigt, et sans éprouver le moindre
désir de changer d'état. A cette période de l'ivresse, on ne perd
jamais la conscience de soi-même, mais on jouit de l'idéal parfait
de la paresse. On pousse de profonds soupirs, quelquefois on
s'abandonne à un rire fou, et quand on veut rendre compte à
d'autres de ce qu'on éprouve, on trouve difficilement des paroles,
ou bien l'on dit une chose pour l'autre. Il m'est arrivé plus d'une
fois, pour me faire comprendre, d'être obligé de parler avec une
lenteur extrême, isolant chaque syllabe l'une de l'autre, par de
très-longs intervalles.

« D'autres disent avoir éprouvé, après les premières doses de coca, une sensation de pesanteur dans la tête et même une véritable douleur. En outre, tous ceux qui, dans cet état, ont été observés par des personnes n'étant pas sous l'influence de la feuille péruvienne, présentaient une physionomie béate et immobile, liée à un sourire particulier qui peut même prendre un caractère d'hébétement. Quelques-uns paraissent dormir, mais ils errent dans les régions mystérieuses qui séparent la veille de la torpeur et du sommeil.

» Si, après avoir traversé les premières périodes de l'ivresse cocaline, on ne va pas plus loin et qu'on se mette au lit, le sommeil ne tarde pas à fermer les paupières, et il est tantôt très-profond, tantôt interrompu par de longs intervalles de somnolence, avec une conscience de bien-être remarquable; presque toujours aussi surviennent des songes bizarres, qui se succèdent et s'accumulent avec une rapidité extraordinaire.

» La somnolence spéciale, amenée par trois ou quatre dragmes (9 à 12 grammes) de coca, peut durer pendant plus d'un jour chez quelques individus, mais cesse peu à peu sans laisser de traces. Le café, le thé, le maté abrégent cet état, en ramenant le cerveau et les nerfs à leur activité habituelle. En Amérique, tout le monde croit que la coca peut faire cesser l'ivresse produite par les alcooliques et *vice-versâ*. J'admets le premier fait, parce que je l'ai observé plus d'une fois, et parce que la faculté éminemment digestive de cette feuille coupe court à une des complications les plus incommodes de l'ivresse alcoolique; mais, pour le moment, je me refuse à croire que le vin puisse faire cesser l'ivresse cocaline, n'ayant jamais observé le fait et n'ayant aucune raison probable de l'admettre.

» La dose la plus forte de coca que j'aie mâchée dans un jour a été de dix-huit dragmes (49 grammes), absorbant les dix derniers le soir, à une heure de distance l'un de l'autre. Ce fut l'unique fois que j'éprouvai l'ivresse cocaline jusqu'à ses dernières limites, et je dois confesser avoir trouvé cette jouissance beaucoup supérieure à toutes les autres connues dans l'ordre physique.

» Dans le principe, avant d'atteindre huit dragmes (50 grammes) je ne ressentis que les effets ordinaires de l'orgasme fébrile, un assoupissement agréable et une légère céphalalgie; mais, un peu avant d'arriver aux dix dragmes (35 grammes), mon pouls donnait déjà quatre-vingt-trois pulsations et j'éprouvais une exaltation indéfinissable, pendant que j'écrivais les paroles suivantes d'une main peu assurée : « Je ne sais si c'est moi qui tiens cette plume à ma main... je parle et je sens résonner ma voix, comme si elle n'était pas la mienne, j'ai les mains froides, je me fais pincer et je ne ressens qu'une douleur à peine perceptible. Il me semble que les os pariétaux veulent me comprimer le cerveau... » Un quart d'heure plus tard, mon pouls donnait quatre-vingt-quinze pulsations. Une demi-heure après, je mâchais deux autres dragmes (9 grammes) de feuilles, et le pouls s'éleva subitement à cent vingt pulsations. Alors je commençai à éprouver une sensation de félicité extraordinaire, je trainais les pieds en marchant, je sentais distinctement battre mon cœur et je ne pouvais écrire qu'avec beaucoup de difficulté.

» Dans les deux heures suivantes, j'arrivai insensiblement à avoir pris deux onces (60 grammes) de coca et je me sentais des plus heureux. Les palpitations du cœur avaient cessé, mais le pouls se maintenait toujours à cent vingt et j'étais dans la sensation la plus délicieuse, lorsque, un quart d'heure plus tard, ayant pris les deux derniers dragmes, mes paupières commencèrent à se fermer involontairement et la phantasmagorie la plus brillante, la plus inattendue, se passa devant mes yeux.

» J'avais dans ce moment la pleine conscience de moi-même, il me semblait être isolé du monde entier, et je voyais les images les plus bizarres et les plus splendides de coloris et de forme qu'on puisse imaginer. Ni le pinceau du plus habile coloriste, ni la plume la plus agile du sténographe, n'eussent pu reproduire, même pour un seul instant, ces apparitions magnifiques, qui s'entassaient les unes sur les autres, sans aucun rapport, ni aucune association entre elles, mais sous le caprice de l'imagination la plus dévergondée et du caléidoscope le plus varié.

» Peu d'instants après, la rapidité des images phantasmagoriques et l'intensité de l'ivresse arrivèrent à un tel point, que je cherchai à décrire à un ami de mes collègues, qui était à mes côtés, la plénitude de félicité qui m'inondait; mais je le faisais avec une telle abondance de paroles, qu'il ne pouvait écrire que quelques-unes d'entre elles, parmi les milliers d'autres dont je l'assourdissais. Bientôt je tombai dans un véritable délire, le plus gai du monde, dans lequel toutefois je n'avais pas complétement perdu la conscience, puisque je tendais la main à mon ami pour qu'il pût tâter mon pouls, qui donnait cent trente-quatre pulsations.

» Quelques-unes des images, que je cherchai à décrire dans la première période du délire, étaient pleines de poésie et je me moquais de ces pauvres mortels condamnés à vivre dans cette vallée de larmes, *tandis que moi, porté sur les ailes de deux feuilles de coca, je volais dans les espaces de 77,438 mondes, les uns plus splendides que les autres.*

» Une heure plus tard, j'étais assez calme pour écrire la phrase suivante d'une main assurée : « Dieu est injuste d'avoir fait que » l'homme peut vivre sans mâcher constamment de la coca. Je » préfère une vie de dix ans avec la coca, qu'une de cent mille... » (puis une série de zéros) siècles sans coca. »

» Toutefois ne pouvant résister au désir de voir se reproduire la phantasmagorie, je mâchai deux autres dragmes (9 grammes) avec une espèce de fureur. Les images reparurent, mais comme si je me trouvais sous un cauchemar, elles étaient terribles, pleines de crânes, de danses sataniques, et de pendus... Cependant peu à peu, elles redevinrent plus calmes et plus riantes, jusqu'à parvenir à l'idéal de l'art et d'une imagination plus esthétique; dans cet état de calme je passai trois heures, sans que mon pouls s'abaissât au-dessous de cent vingt.

» Trois heures de sommeil me rappelèrent à la vie journalière, je pus vaquer à mes occupations ordinaires, me sentant capable des études les plus sérieuses et sans que personne pût apercevoir signe sur ma physionomie, que j'eusse éprouvé les sensations d'une jouissance, que jusqu'alors j'avais considérée comme inatteignable.

» Sous l'influence de la coca je restai quarante heures sans pren-

dre de nourriture quelconque et sans éprouver la moindre faiblesse. Je compris parfaitement, ensuite de cette expérience,
comment le vice de l'ivresse cocaline peut devenir irrésistible, et
comment les Indiens, dans leurs voyages pédestres, peuvent vivre, avec la précieuse feuille péruvienne, trois ou quatre jours
sans prendre de nourriture. Mais ce qui me confondit, c'est que
je ne ressentais aucun abattement, ni aucune langueur, quoiqu'il
me parût que j'avais dû dépenser, en quelques heures, une
énorme quantité de forces vitales.

» Le jour qui suivit cette ivresse, j'éprouvai une douce chaleur
dans tout mon corps et une légère constipation. De plus les digestions étaient et restèrent parfaites. »

Une autre fois, le professeur Mantegazza, tandis qu'il mâchait
de la coca après son repas, vit reparaître la phantasmagorie à la
suite de l'emploi de six drachmes (22 $\frac{1}{2}$ grammes) et en ayant pris
deux drachmes (9 grammes) en sus, elle persista pendant plus de
trois heures. Quoique plongé dans une béatitude indescriptible, il
eut toujours la conscience la plus claire de son état, et put noter
les images bizarres qui passaient devant ses yeux avec la rapidité
de l'éclair. Il en transcrit plusieurs, tout en faisant observer que,
pour une de celles qu'il pouvait fixer, dix autres lui échappaient,
en raison de la rapidité trop grande avec laquelle elles se succé-
daient.

La présence des symptômes soporeux que nous venons d'enre-
gistrer pourrait faire soupçonner, dans l'action de la coca, une tendance à favoriser le sommeil. Il n'en est rien cependant. Au contraire, la plupart des observateurs affirment qu'elle dispose à
l'insomnie, et c'est en partie dans ce but que l'on a vu les manœuvres obligés de travailler sans relâche jour et nuit, les mineurs à la
tâche, les courriers chargés de dépêches, et les chefs d'expéditions,
mâcher de la coca pour se tenir en éveil.

On se tromperait également, en concluant, d'après la relation
de l'ivresse cocaline, entreprise par M. Mantegazza dans un but
scientifique, que ses conséquences, jusqu'à un certain point inno-
centes, doivent être les mêmes, lorsque l'excès temporaire se
change en habitude vicieuse, et l'auteur lui-même, quoique très-

favorable à son emploi judicieux, se charge de nous en avertir, non-seulement en en interdisant l'usage aux personnes prédisposées aux congestions cérébrales et à l'apoplexie, mais en déclarant que l'abus de la coca, continué pendant plusieurs années, peut amener l'hébétement et la démence.

Le docteur de Tschudy affirme également que, après plusieurs années de l'usage abusif de la coca, et par suite de l'excitation du cerveau, l'énergie et l'activité de l'intelligence s'épuisent, et voici le portrait des plus lamentables qu'il trace de la personne et de la vie des *coqueros* invétérés :

« A première vue, on les reconnaît à leur démarche incertaine, à leur apathie générale, à la couleur jaunâtre de leur peau, à leurs yeux ternes et caves, cernés d'une auréole pourprée, à leurs lèvres pâles et tremblantes, à leurs gencives décolorées, à leurs dents verdâtres et encroûtées, à la fétidité de leur haleine [1] et à la teinte noirâtre des angles de leur bouche.

» Leur caractère est méfiant, irrésolu, faux, dissimulé. Arrivés à l'âge adulte, ils sont déjà vieillots, et s'ils atteignent un âge avancé, la démence est la conséquence inévitable de leur passion, impossible à dompter. Timides, ils fuient la société des hommes, se cachent dans les forêts sombres ou dans les ruines écartées de leurs ancêtres, et passent des journées entières à satisfaire leur passion. Là, leur imagination exaltée leur procure les visions les plus extraordinaires, tantôt sous des formes belles et voluptueuses, tantôt sous celles de tableaux effrayants, ce qui arrive surtout chez ceux qui se retirent dans les ruines de leurs villages déserts, ou dans les tombeaux de leurs ancêtres. Là, à l'abri de toute espèce de dérangement, qui leur serait insupportable, ils chiquent leur coca, assis dans un coin, les yeux fixés sur le sol, et le seul

[1] J'avais été d'autant plus embarrassé dans le principe d'expliquer cette fétidité de l'haleine, que la mastication de la simple feuille m'avait paru complétement exempte de ce grave inconvénient, lorsque les expériences de M. Terreil m'ont démontré que cet effet était le résultat de l'addition de la potasse contenue dans la *llipta*, ou de la chaux vive, et par conséquent que rien n'était plus facile de s'en affranchir, sans compromettre l'action spécifique de la coca.

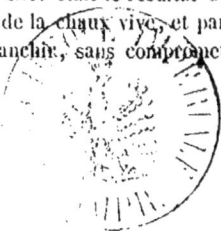

7

mouvement automatique pour porter la main à la bouche, ou le broiement mécanique de la mâchoire, annoncent qu'ils ont encore la conscience d'eux-mêmes. Parfois ils poussent de profonds soupirs, vraisemblablement lorsqu'il se présente des scènes d'horreur à leur imagination maladive, et cependant, ils sont aussi incapables de les éloigner que de se séparer de leurs rêves enchanteurs. »

M. de Tschudy n'a pas pu s'assurer des conditions qui ramènent les *coqueros* à leur état normal, mais il paraît que c'est moins le besoin de sommeil ou de nourriture que le manque de coca qui les tire de cette ivresse prolongée, car ce n'est que lorsque leur sac (*hualqui*) est vide qu'ils retournent à leur domicile. Pendant les trois jours qu'ils ont l'habitude de s'isoler, ils consomment près de trois quarts de livre d'Espagne (336 grammes) de feuilles et environ une once d'Espagne (28 grammes) de chaux vive ou de *llipta*, c'est-à-dire le double de leur ration habituelle.

A Cerro de Pasco, il y avait des sociétés, dont des Anglais étaient membres, qui se retiraient certains soirs dans leurs clubs, pour chiquer la coca dans l'isolement.

Le professeur Poeppig, témoin des abus de la coca, renchérit sur le tableau déplorable des effets qu'ils déterminent. Il cite des faits qui prouvent jusqu'où peut aller cette passion irrésistible, surtout chez les blancs, lorsqu'ils s'y adonnent, et chez les Chiliens, qui préfèrent quitter leurs familles, se retirer dans les bois, exposés à toutes les intempéries, que d'abandonner ce vice et de ne pas éprouver les influences fantastiques de l'ivresse qu'il occasionne. Il employait en particulier, comme chasseur et comme guide, un homme qui portait le nom de Calderon et qui, quoique âgé de quarante ans, paraissait en avoir soixante. Il ne pouvait être utilisé que lorsqu'il ne faisait pas usage de coca.

« La description, » dit-il, « qu'il faisait des magnifiques visions qui se présentaient à lui dans les bois et des sensations délicieuses qu'il éprouvait alors, avait quelque chose d'effrayant. Il avait l'habitude, lorsqu'il était surpris par la pluie, de se couvrir, à demi habillé, avec des feuilles d'arbres mouillées et soutenait que, lorsque la chaleur du corps avait fait évaporer l'humidité, il pouvait rester des heures entières sans éprouver le moindre froid. »

Mais M. Poeppig ne se borne pas à peindre sous les couleurs les plus noires la vie du *coquero* invétéré, il nous fait assister au spectacle navrant de sa dégradation physique et morale :

« Le premier symptôme qu'éprouvent presque tous les *coqueros* est une faiblesse des organes digestifs, et, par l'abus répété et croissant, il se développe une maladie presque toujours incurable, qu'on nomme *opilation*. Cette maladie débute par des malaises insignifiants et peut être confondue avec de mauvaises digestions, mais bientôt elle s'aggrave. Des accidents bilieux se développent, avec les mille souffrances pénibles qui les accompagnent sous le ciel des tropiques, et il survient en particulier fréquemment des obstructions, d'où le nom dont on l'a baptisé. S'est-il développé un ictère, les signes qui annoncent une altération profonde du système nerveux se dessinent peu à peu, puis surviennent des céphalalgies et d'autres maux semblables; le malade ne peut prendre aucune nourriture et maigrit promptement. Alors on aperçoit souvent une espèce de changement dans le teint, le coloris bilieux fait place à une couleur plombée qui ne se remarque que sur les peaux blanches. Puis survient une insomnie incurable, qu'éprouvent même ceux qui ne font pas abus de la coca, et l'état du malade hypocondriaque, qui ne peut plus faire usage de sa plante favorite, est vraiment à plaindre. Cependant l'appétit est des plus irréguliers, car à un dégoût de la nourriture succède quelquefois brusquement une faim canine, surtout l'appetence des aliments azotés que ne peuvent se procurer les misérables habitants. Il survient aussi des œdèmes qui se changent en hydropisies ascites, et des douleurs dans les membres qui cessent temporairement par l'apparition d'enflures. C'est dans cet état que le *coquero* peut trainer sa triste existence pendant quelques années, jusqu'à ce qu'il la termine dans un marasme général.... La répétition des orgies et un climat chaud et humide accélèrent ces accidents. »

Ce qui n'empêche pas M. Poeppig de convenir que ces mauvais effets peuvent rester longtemps sans se faire sentir, et que non-seulement un *coquero* peut arriver à l'âge de cinquante ans sans trop d'incommodités, mais même atteindre une vieillesse assez avancée.

« Sous le rapport intellectuel, » ajoute-t-il, « les conséquences de cet abus ne sont pas moins fâcheuses. Le caractère du malade est changeant au plus haut degré; le plus ordinairement, il est de mauvaise humeur. Déjà le besoin de s'isoler donne au *coquero* une tendance morale fâcheuse, et quoique les facultés intellectuelles semblent moins souffrir de l'abus de la coca que de celui de l'eau-de-vie, on pourrait comparer, sous plus d'un rapport, les suites dangereuses des deux vices. »

Par conséquent, il s'associe à l'opinion de Pietro de Cieça, qui considérait « *comme vicieuse l'habitude de faire usage de la coca et tout au plus bonne pour des gens comme les Indiens,* » et suivant lui, en effet, « *il n'y a que les ignorants qui puissent la regarder comme un bienfait du ciel et comme une plante merveilleuse.* »

Le jugement sévère, porté par M. Poeppig, quoique basé sur quelques faits malheureusement peut-être trop réels, nous paraît entaché d'exagération, et nous voyons le docteur Weddell, qui a parcouru à diverses reprises le Pérou et la Bolivie, éprouver le même sentiment lorsqu'il dit :

« L'immense majorité des auteurs anciens et modernes qui ont écrit sur ce sujet s'accordent à attribuer à la coça, ainsi employée, des vertus dont l'existence bien constatée autoriserait à placer cette feuille parmi les produits les plus bienfaisants du règne végétal; et telle serait encore sans doute l'opinion admise, si un voyageur moderne ne l'eût tout à coup ébranlée en soutenant une thèse inverse, c'est-à-dire en attribuant à l'usage de la coca des effets très-pernicieux, qu'il compare, en un mot, à ceux qu'entraîne l'abus de l'opium.

» De semblables assertions durent causer, comme on le pense, quelque étonnement, en présence des rapports si différents dont je parlais plus haut; et il n'a pas manqué de gens pour donner à entendre que, si ce voyageur n'avait pas prêté foi trop légèrement aux discours de personnes mal informées, il avait au moins eu le tort de trop généraliser des faits exceptionnels. Je dois dire, pour mon compte, que les renseignements que j'ai été à même de prendre à ce sujet, dans les lieux où la coca est le plus en usage, m'ont démontré que la mastication de cette feuille produit quelquefois de mauvaises conséquences chez les Européens qui n'en ont pas contracté l'habitude dès leur jeunesse, et dans deux ou trois cas, j'ai cru pouvoir rattacher à l'abus de cette mastication une aberration particulière des facultés intellectuelles, caractérisée par des hallucinations; mais, dans les pays que j'ai visités, jamais je n'ai vu les choses arriver au point signalé par M. Poeppig. »

Je croyais avoir épuisé tous les documents qui avaient paru sur la coca, sans penser que l'étude de cette plante est à l'ordre du jour depuis les publications de MM. Mantegazza et Niemann. En effet, on vient de me communiquer un travail de M. le docteur Rossier qui contient une série d'expériences faites par ce praticien sur lui-même, dans un but physiologique. Elles paraissent avoir été conduites avec jugement et bonne foi, et méritent d'autant plus d'être citées, qu'elles s'éloignent, dans quelques points, de celles que nous avons rapportées.

M. Rossier a reçu ses feuilles de la pharmacie Erba, à Milan, sans s'enquérir de leur mode de conservation, ni de la date de leur récolte, ce qui, comme nous l'avons fait observer, peut avoir exercé une influence sur les résultats obtenus. Il a fait usage de la coca sous forme de mastication et de décoction, et reconnaît que ces deux modes d'administration ne produisent pas des effets identiques. Il distingue aussi l'action des petites doses et des grandes, et, tout en avouant que les propriétés physiologiques attribuées à cette substance lui paraissent avoir été exagérées, il n'en convient pas moins qu'elles sont assez réelles pour lui assigner une place utile parmi nos agents thérapeutiques.

Mâchée à la dose d'un à trois grammes, il a trouvé que la coca activait d'abord considérablement la salivation, mais que cette sécrétion diminuait plus tard, à mesure que se développait une sécheresse très-désagréable ressentie à la gorge.

Ensuite, il éprouva invariablement une chaleur douce, un bien-être à l'épigastre qui dura pendant tout le temps qu'on prolongeait la mastication et qu'il compare à la chaleur bienfaisante que produit un verre de vin pris à jeun. Si l'on élève un peu les doses, cette impression s'irradie de l'estomac dans tout le corps, et quoique assez subtile, elle n'est point l'effet de l'imagination. Enfin, un dernier exemple des petites doses est la résistance à la fatigue; il a pu le constater très-souvent dans des courses pénibles ou de longue durée, et toujours avec le même résultat, mais jamais au point que l'ont avancé d'autres auteurs.

La décoction de petites doses, prise chaude, a des effets un peu différents; la sécrétion excessive de la salive et la sécheresse de la gorge manquent entièrement; le bien-être est moins localisé à l'épigastre et, en revanche, plus sensible dans tout le corps.

Si l'on mâche de plus fortes doses de coca (15 à 30 grammes) à la suite des symptômes initiaux, il se produit, d'après M. Rossier, une série d'effets, qu'il considère comme un narcotisme d'un ordre particulier et que d'autres auteurs avaient déjà signalé.

« Le sentiment de bien-être, » dit-il, « subtil et indéfinissable, répandu dans le corps, va en augmentant. Il se traduit par un grand calme, par un laisser-aller qu'on ne peut définir que par le mot de *paresse*. En effet, ce n'est pas que la faculté de se mouvoir fasse défaut, mais c'est le *besoin*, le *vouloir* qui manquent. L'esprit participe à cette indolence du corps. Chaque fois que j'ai mâché la coca à cette dose, le sommeil de la nuit a été fort calme, mais je me suis réveillé le lendemain avec des douleurs frontales qui ont duré une partie de la matinée. En même temps la langue était chargée, malgré l'intégrité de l'appétit.

» Une seule fois, je ne pus m'endormir qu'au bout de quelques heures; je venais de mâcher trente grammes de coca, et l'état de nonchalance et d'immobilité persistait au lit.

» Prise en décoction concentrée (chaude), j'ai poussé les doses jusqu'à une demi-once (45 grammes) et une fois jusqu'à deux onces (60 grammes). L'effet en est plus prompt que par la mastication, le calme corporel et moral est plus complet. Au bout d'une demi-heure, j'ai les yeux fatigués, la lumière me gêne et je remarque une légère dilatation des pupilles : ce dernier phénomène ne s'est produit qu'une seule fois. En même temps les mains étaient brûlantes. Deux fois, ayant écrit dans cet état ce que je ressentais, j'ai remarqué le lendemain avec étonnement, que j'avais tracé des caractères presque illisibles et cependant, en les déchiffrant, les mots exprimaient parfaitement ce que j'avais voulu dire. Je ne sais si ce phénomène est purement accidentel. »

M. Rossier ajoute que jamais la coca, *prise en décoction le soir*, ne lui a laissé le lendemain cette céphalalgie frontale et cet état de la langue qu'elle a toujours produits chez lui quand il la mâchait à doses élevées. L'appétit n'a jamais diminué, cependant le *besoin* de le satisfaire a été moindre, et, plaçant ce dernier fait en regard des exemples d'abstinence cités au Pérou, il pense que ceux-ci se reproduiraient difficilement chez des Européens.

Aucune des autres fonctions n'a offert de phénomène particulier; il n'a remarqué ni augmentation, ni diminution de la transpiration ou de la sécrétion urinaire.

Enfin, parmi les expériences entreprises par M. le docteur Rossier, celles relatives à l'influence de la coca sur le pouls ne sauraient être passées sous silence, quoique peut-être modifiées par des causes idiosyncrasiques, car les résultats en sont opposés à ceux que nous avons rapportés jusqu'ici.

« Pour ce qui concerne le pouls, » dit-il, « je ne prétends pas à une grande exactitude, n'ayant pas tenu compte d'une foule de circonstances, qui doivent être notées soigneusement pour arriver à un résultat scientifique. Voici toutefois ce que j'ai trouvé après un grand nombre d'expériences : Mâchée à petites ou à hautes doses, à jeun, et dans une immobilité complète, la coca produit toujours sur moi un ralentissement du pouls, appréciable parfois au bout de cinq minutes, d'autres fois au bout de dix à quinze minutes. La durée de ce ralentissement varie suivant les doses. Ainsi, avec deux grammes environ, il atteint son *maximum* au bout de quinze à vingt minutes, et le pouls ne revient à l'état normal qu'au bout de trente-cinq minutes et plus.

» La décoction prise chaude, produit au commencement un effet contraire. Ainsi, au bout de la première minute, le pouls monte de deux pulsations environ, s'il était, par exemple, à quatre-vingt-quatre avant l'expérience, il monte à quatre-vingt-six. Au bout de cinq minutes, il redescend à quatre-vingt-cinq, au bout de dix minutes à quatre-vingt-deux, de quinze minutes à quatre-vingt et un, de vingt-cinq minutes à quatre-vingt, etc., et ne recommence à remonter qu'au bout d'un temps variable. Il en est de même pour la décoction bue à froid : pendant les premières minutes, accélération puis ralentissement de pouls ; mais, selon les doses, ce ralentissement varie et persiste plus ou moins longtemps. Je le répète, malgré leur nombre, je ne donne pas ces observations pour tout à fait concluantes, n'ayant pas satisfait à toutes les conditions dans lesquelles doit se placer l'expérimentateur. Cependant elles diffèrent si complétement par leurs résultats de celles de M. Mantegazza qu'il serait intéressant d'élucider cette question par de nouvelles recherches faites avec toute l'exactitude nécessaire. »

Il ne me restait plus qu'à m'assurer si réellement les feuilles de coca, conservées sans précautions, pendant plus de dix-huit mois, perdaient tout à fait leurs qualités, comme l'affirment les Indiens. A cet effet, j'ai mis à profit celles que la Société impériale d'acclimatation m'avait confiées, qui se trouvaient dans ce cas, et dont j'avais cherché à tirer parti sous le rapport analytique. M. le professeur Claude Bernard auquel j'en remis une partie, ainsi que l'extrait aqueux qu'on en avait obtenu, a bien voulu faire les expériences suivantes, en vue de leur influence présumée sur le système sanguin et sur la nutrition.

PREMIÈRE EXPÉRIENCE.

« On a pris deux grenouilles de même grosseur également vivaces. On a introduit sous la peau de l'une environ vingt centigrammes d'extrait de coca. Les deux grenouilles ont été fixées sur des plaques de liége ; le cœur a été mis à découvert. On a compté le nombre de battements, immédiatement après, on a trouvé le même nombre chez les deux grenouilles. »

On a de nouveau observé une demi-heure, une heure, deux heures après, sans trouver aucune différence.

DEUXIÈME EXPÉRIENCE.

« On a pris deux jeunes lapins d'environ six semaines, de même grosseur, tous les deux bien portants, et on les a mis à jeun.

» Au bout de deux jours, on a ingéré au moyen d'une sonde et d'une seringue dans l'estomac d'un de ces lapins, deux grammes d'extrait de coca dissous dans vingt-cinq grammes d'eau.

» On a ingéré à l'autre lapin, par le même procédé, deux grammes d'extrait de réglisse dissous dans vingt-cinq grammes d'eau. Les deux lapins sont morts en même temps, deux jours après cette ingestion, c'est-à-dire quatre jours après avoir été privés de nourriture. »

Ces résultats complétement négatifs, de même que ceux obtenus dans l'hospice de Bicêtre, et relatés dans le chapitre de thérapeutique, ne me paraissent point infirmer les observations précédentes; ils prouvent seulement la disparition des principes actifs dans la coca employée, et la nécessité absolue de recourir à un mode de conservation plus rationnel, pour l'avenir, si l'on veut obtenir des résultats comparables.

Toutefois, en admettant la vérité des faits que nous avons enregistrés plus haut, suffisent-ils pour fournir des données certaines sur la nature intime de l'agent qui réside dans la coca?

La solution de ce problème pourra paraître douteuse à quelques personnes, sauf plus ample informé, et je suis assez disposé à me joindre à leur scepticisme, d'autant plus que la question est beaucoup plus compliquée qu'elle ne le paraît au premier coup d'œil.

En effet, jusqu'à ce jour, on a entrepris souvent des expériences, non-seulement avec une substance organique facilement altérable, mais même avec des préparations de cette substance différentes les unes des autres. Or les travaux analytiques nous semblent indiquer que, suivant le mode de préparation, la composition et la proportion des principes peut varier et que, par conséquent, il est peu judicieux d'apprécier leurs effets sans partir de bases fixes. Aussi que voit-on? M. de Tschudy d'une part et M. Rossier de l'autre, s'étayant des symptômes produits par la macération buccale à fortes doses, ou la décoction concentrée, en inférer que la coca tend à dilater la pupille, phénomène qui rapproche l'action de ce végétal de celle du datura et de l'atropine, tandis que M. Niemann, qui a employé la cocaïne pure, n'aperçoit aucune dilatation de cet organe et en conclut que l'absence de ce symptôme la distingue de l'atropine. Nous avons pu juger, en outre, des différences notables qu'apportaient dans les effets produits les doses plus ou moins élevées de la substance ou l'influence de l'habitude.

Mais il est bien d'autres conditions qui peuvent faire varier les résultats. Il en est une en particulier à laquelle on n'a pas fait en général attention jusqu'ici et qui me paraît cependant avoir joué un rôle assez important, c'est la suivante :

La plupart des observateurs qui admettent que la coca stimule l'activité du système sanguin conviennent que, portée à fortes doses, elle favorise des congestions à la tête.

Or ces congestions vers le centre nerveux cérébral peuvent développer des symptômes opposés, suivant qu'elles sont *actives* ou *passives*.

J'appelle *congestion active* la circulation du sang dans le réseau vasculaire cérébral, sans gêne de la circulation veineuse des jugulaires, et *congestion passive* celle où l'afflux du sang à la tête s'accompagne d'une gêne dans le retour du sang au cœur. Dans le premier cas, il y a excitation activée, mais normale, du centre nerveux cérébral, sans compression concomitante morbide de cet organe. Dans le second, il y a stase du sang dans le réseau vasculaire qui environne le cerveau et qui, ne pouvant se dilater du côté du crâne, comprime la substance médullaire en en affaiblissant les fonctions. Ces deux résultats peuvent dépendre de diverses causes agissant sur le centre circulatoire. C'est en particulier ce que détermine l'activité ou le repos du système musculaire de la vie de relation. Si la personne qui fait usage de la coca exerce en même temps ses muscles, la circulation générale est activée et, par conséquent, la circulation de la tête participe à cette activité, tout en restant jusqu'à un certain point dans un état normal, et sans compression maladive du cerveau; si, au contraire, le système musculaire est au repos, la circulation générale est plus ou moins gênée, par suite de la disproportion qui s'établit entre le sang artériel poussé par le ventricule gauche du cœur et le sang veineux repassant par le ventricule droit, dès lors stase du sang dans les veines jugulaires et compression abnorme du cerveau. Aussi voit-on les personnes en mouvement n'éprouver que l'effet tonique de la coca sur les fonctions nerveuses, sans trouble concomitant des fonctions cérébrales ou pulmonaires et sans avoir besoin de sommeil; tandis que celles qui se réduisent au repos physique, éprouvent les symptômes que l'on a désignés par les mots de paresse, de somnolence, d'apathie et d'ivresse cocaline, une gêne de la circulation pulmonaire qui se traduit par des soupirs, une influence spéciale sur les organes de la vue qui se dessine quelquefois par la dilatation de la pupille, etc., etc.

Des remarques analogues pourraient être faites, suivant la position donnée au corps, pendant l'administration de la coca, sans parler des influences morales et de l'idiosyncrasie du sujet, toutes circonstances qui dominent les résultats et qui les font varier d'une manière extraordinaire.

En attendant la solution définitive du problème, je ne puis m'empêcher de considérer, pour le moment, comme plus spécieuse qu'aucune autre, l'hypothèse qui attribuerait à l'ensemble des principes de la coca des propriétés stimulantes directes sur le système nerveux en général, et en même temps une action plus ou moins spéciale sur certaines parties de ce système, telles que les nerfs moteurs ou ceux de l'estomac.

L'influence excitante sur l'ensemble du système nerveux, si l'on en juge par les rapports d'hommes consciencieux et compétents, paraîtrait être en effet non moins évidente, quoique moins prompte que celle du calorique, considéré comme un des prototypes de la stimulation directe.

L'action spéciale sur les nerfs des muscles de la vie de relation nous semble avoir été constatée d'une manière assez positive en Amérique, pour qu'on ne puisse la mettre en doute. Seulement il ne faut pas s'attendre chez nous, et surtout chez les habitants des plaines, à des résultats aussi surprenants que ceux qui nous sont fournis par les relations du Pérou; car il existe sur les plateaux élevés des Andes une influence atmosphérique adjuvante dont

on fait journellement l'expérience dans nos Alpes, à une altitude
de trois à cinq mille pieds ; c'est-à-dire que, indépendamment de
toute autre cause, les fonctions du système musculaire y sont naturellement très-activées, au point qu'on peut y faire des courses
de plusieurs heures sans fatigue ni malaise, tandis qu'on n'aurait
pu exécuter le même exercice dans la plaine sans en éprouver des
conséquences pénibles. Cette influence de la coca sur les fonctions
musculaires ne paraît point être aussi fugitive que l'est celle produite par les stimulants diffusibles ordinaires, et elle n'est pas suivie
d'une faiblesse consécutive en rapport avec les efforts déployés.
Mais ce qu'il y a de plus remarquable dans cette action, c'est qu'elle
ne trouble pas d'une manière sensible l'harmonie des mouvements,
comme le fait l'alcool ; aussi, même pendant l'ivresse cocaline la
plus avancée, la *titubation* paraît être un phénomène qui lui est
étranger.

Quant à l'action de la coca sur les nerfs qui président à la digestion, elle semble également confirmée par la plupart des observateurs, sans qu'il paraisse se développer d'irritation aiguë
dans l'estomac, et tout en stimulant les fonctions de cet organe,
lorsqu'elles sont languissantes, elle les régularise lorsqu'elles sont
troublées.

Il est plus difficile de se rendre compte de son influence sur
l'estomac à jeun, quoique cette influence ne paraisse pas pouvoir
être niée.

En opposition avec l'opium, la coca serait donc plutôt favorable
à l'insomnie qu'au sommeil ; elle ne provoquerait pas presque constamment, comme lui, la soif, les vertiges, les nausées, les vomissements, un affaiblissement musculaire, et, d'autre part, elle
calmerait les douleurs nerveuses de l'estomac et des intestins sans
troubler, comme lui, les digestions.

En opposition avec la belladone, le datura et la jusquiame,
elle ne paraîtrait pas non plus favoriser les vertiges, les nausées,
les vomissements, les constrictions nerveuses de la gorge, ni l'ir-
régularité des fonctions musculaires.

Elle se rapprocherait davantage du *Haschisch* (extrait du *Cana-
bis indica*), sous le rapport des symptômes congestifs cérébraux,

déterminés par son abus; mais elle en différerait, en ce que le *Haschisch*, pris après le repas, parait troubler la digestion; qu'il développe, suivant M. Moreau, des contractions tétaniques des muscles et qu'il amène, au dire de M. Aubert Roche, une faim canine, ou provoque le sommeil lorsqu'il est pris à fortes doses.

Les végétaux qui présenteraient, à certains égards, le plus d'analogie avec la coca seraient le *Cath* d'Abyssinie et de l'Yémen, arbrisseaux de la famille des célastrinées; le premier connu sous le nom de *Catha Forskalii* (Rich., *Flor. Abyss.*) ou de *Celastrus Tsaad* (Ferret et Galinier), le second sous celui de *Catha* ou *Celastrus edulis*.

Les mahométans riches de ces pays en mâchent habituellement les jeunes feuilles et les bourgeons à l'état frais. On en fait aussi usage sous forme d'infusion, en guise de thé.

Au rapport de MM. Ferret et Galinier [1], l'infusion des feuilles du *Celastrus Tsaad*, serait un excitant énergique, et, mangées crues, elles détermineraient une légère ivresse.

Suivant M. Botta [2], les feuilles du *Celastrus edulis*, mâchées fraîches, jouiraient aussi d'une propriété excitante et détermineraient également une légère ivresse, dans laquelle on aurait des rêves aussi frappants que la réalité. Elles reposeraient de la fatigue, ôteraient le sommeil et feraient que l'on aime à passer la plus grande partie des nuits dans une tranquille et agréable conversation. « Aussi, » ajoute-t-il, « il n'y a pas d'hommes qui dorment si peu que les Yéméniens, et cependant leur santé ne paraît pas en souffrir, car les exemples de longévité sont communs dans ce pays.

» Les propriétés stimulantes du *Cath* sont telles que les courriers envoyés pour porter des messages pressés, marchent souvent plusieurs jours de suite, sans prendre d'autre nourriture ni soutien que les feuilles de cette plante, dont ils portent avec eux un paquet pour le manger en route. »

Il est à regretter que les voyageurs ne nous aient pas fourni de documents scientifiques plus détaillés à ce sujet.

[1] *Voyage en Abyssinie*, tome III, pag. 109, 5 vol. in-8°. Paris, 1847.

[2] *Relation d'un voyage dans l'Yémen*, 1 broch. in-8°. Paris, 1837. Voy. *Bulletin de la Société de géographie*, 2me série, tome XII, pag. 369. Paris, 1839.

CHAPITRE IX.

ACTION PROPHYLACTIQUE.

Quel que soit le jugement que l'on veuille porter sur les effets divers, déterminés par les principes isolés contenus dans la coca, en admettant la réalité de quelques-uns des faits que nous venons de citer, il n'en est pas moins positif que dans son ensemble cette feuille exerce une influence tonique plus ou moins durable sur le système nerveux, et que, par conséquent, elle fournit à l'unité vitale les moyens de lutter avec avantage contre les agents extérieurs nuisibles qui tendraient à l'affaiblir ou à la détruire, en un mot, qu'elle doit jouir, jusqu'à un certain point, d'une faculté prophylactique précieuse.

En effet, nous avons fait remarquer qu'elle permettait aux habitants des plateaux des Andes de résister au froid, à l'humidité et à toutes leurs conséquences. Aussi voit-on plusieurs des auteurs qui relatent ces faits, tels que Nolasco Crespo, Mantegazza, etc., etc., recommander son emploi aux voyageurs dans les régions polaires, comme un moyen infaillible de combattre efficacement le froid et les intempéries.

L'expérience paraît aussi avoir prouvé son utilité dans les mines du Pérou, pour éloigner l'influence pernicieuse des émanations métalliques, mercurielles ou arsenicales, et quelques faits récents semblent lui conférer le privilége de prévenir les individus contre les miasmes marécageux. M. Mantegazza cite en particulier le cas d'un Anglais, âgé de trente-neuf ans, dont la constitution robuste avait été ébranlée par des excès vénériens, et qui parcourait, dans la saison des pluies, des pays boisés de la confédération Argentine, où les fièvres paludéennes se développent avec la plus grande facilité. Forcé, pendant plusieurs jours, de dormir sur le sol humide, il ne pouvait échapper à l'influence des marais et même n'ayant à sa disposition ni quinine, ni quina, il éprouvait déjà les symptômes précurseurs du *chucho*, lorsque son guide lui conseilla de boire chaque jour un petit verre d'une infusion de coca dans l'eau-de-vie. Il suivit ce conseil et, après deux doses, se trouva débarrassé de tous les accidents, en même temps qu'il ressentit une réaction très-marquée sur les organes génitaux. Dès lors, et pendant tout son voyage, il continua le même régime et conserva intacte sa santé, au centre de l'infection paludéenne.

Sans rappeler ici ce que nous avons dit de l'emploi de la coca, comme préservatif temporaire des effets débilitants produits par une alimentation insuffisante et par conséquent des ressources qu'elle pourrait offrir dans certains cas de naufrages, ou de voyages à travers des déserts, où les provisions de vivres font quelquefois défaut, nous nous bornerons à mentionner une circonstance où elle paraît avoir rendu de véritables services, savoir : contre les accidents qu'on désigne en Europe, sous le nom de *mal de montagne* et au Pérou, par ceux de *Soroché* et de *Veta*. Ces accidents se font sentir souvent avec beaucoup de violence, chez la plupart des étrangers, qui, des bords de la mer ou des plaines orientales s'élèvent brusquement sur les hauteurs des plateaux du Pérou et de la Bolivie, où ils éprouvent une dyspnée angoissante, des palpitations, des vertiges, quelquefois des tremblements, des lipothymies et des hémorragies capillaires que les moindres efforts musculaires suffisent pour aggraver. Or le docteur Tschudy nous apprend que, appelé à parcourir les sommités des Andes, il en avait été fort incommodé et que son guide indien lui avait suggéré l'idée de recourir à la coca, comme à un prophylactique des plus efficaces. « Les Indiens, » dit-il, « soutiennent que l'usage de la coca est le meilleur moyen de prévenir la dyspnée, qu'on ressent dans les montées rapides de la Cordillère et de la Puña. » Je m'en suis positivement convaincu par ma propre expérience.

« ...... Étant dans la Puña, à une hauteur de quatorze mille pieds (4,547 mètres), j'en buvais toujours une forte infusion avant de sortir pour aller à la chasse. De cette manière je pouvais, pendant toute la journée, grimper sur les hauteurs et poursuivre le gibier agile, sans éprouver plus de difficulté à respirer que si j'eusse marché rapidement le long de la côte, et cependant je ne souffrais d'aucune excitation cérébrale, ni d'aucun des malaises que d'autres voyageurs ont remarqués. Peut-être cela tenait-il à ce que je faisais usage de cette infusion dans la région froide de la Puña, où le système nerveux est beaucoup moins irritable que dans le climat des forêts. »

Sur ce point, le témoignage de M. Angrand n'est pas moins favorable, seulement il avait recours à la mastication de la feuille et croit avoir observé qu'en tenant une petite pierre dans sa bouche, cela produisait sur lui un effet analogue, en l'empêchant de respirer brusquement un volume d'air trop considérable.

En définitive, les considérations, que je viens de résumer, sur les applications rationnelles de la coca à l'hygiène nous font mieux comprendre comment, sous la domination espagnole, la malheureuse population indienne, condamnée aux travaux des mines, put échapper à un anéantissement total, grâce à l'emploi journalier de cette plante, que ses avides exploiteurs lui distribuaient dans un but purement égoïste. On s'explique ainsi comment les patriotes indigènes, lors de la guerre de l'indépendance, purent, malgré leur infériorité militaire, parvenir à vaincre les troupes espagnoles, qui, bien que mieux disciplinées et courageuses, succombèrent faute de coca aux fatigues et au manque de vivres, tandis que leurs adversaires supportèrent sans peine, à l'aide de la précieuse feuille, les intempéries, la disette et les marches les plus rapides et les plus lointaines. On conçoit l'espèce de vénération intéressée qu'éprouve pour elle le peuple péruvien, lorsqu'on réfléchit que ce n'est qu'avec son secours qu'il peut lutter contre les rigueurs d'un climat de montagnes et contre les privations de tous genres auxquelles il est soumis; on conçoit enfin qu'il se soit trouvé des auteurs, qui dans leur enthousiasme irréfléchi, ont cru pouvoir conseiller la généralisation de son emploi dans la marine et les armées européennes, sans se préoccuper le moins du monde des frais que cette innovation devrait occasionner, ni même de l'impossibilité de son exécution dans l'état actuel de la culture et du commerce de la plante.

CHAPITRE X.

ACTION THÉRAPEUTIQUE.

——

Le traitement rationnel des maladies, ne pouvant se baser que sur les modifications qu'apportent les agents physiologiques aux troubles organiques ou fonctionnels, il est naturel de mettre à profit les renseignements que nous venons de recueillir sur la coca, pour en faire une application à la thérapeutique.

Sans doute, les auteurs américains anciens avaient pu nous fournir quelques données empiriques précieuses, mais ce n'est que dans ces derniers temps que l'on a commencé à diriger convenablement l'emploi de ce remède, et, il faut le reconnaître, nous le devons aux indications fournies par MM. Unanué, de Tschudy, Weddell et surtout au professeur Mantegazza. C'est, en effet, ce dernier qui a ouvert une voie scientifique à ce genre de recherches, et nous nous appuierons principalement sur elles, dans les premières appréciations que nous suggère l'étude de ce nouvel agent thérapeutique.

Les Indiens l'employaient, sous forme d'infusion chaude, comme panacée universelle, dans toutes leurs maladies, soit internes, soit externes. M. Bolognesi leur a même vu appliquer la coca chiquée sur l'extrémité supérieure du péroné, où l'on éprouve souvent une douleur vive, dans les courses rapides et prolongées à travers les montagnes, et il s'est assuré de l'efficacité de ce remède empirique pour faire cesser promptement une douleur qui gêne considérablement la marche.

Blas Valera, cité par Garcilaso, se borne à dire que la coca préserve de plusieurs maladies; que, réduite en poudre, elle a la propriété spécifique d'empêcher les plaies de s'envenimer, de guérir les vieilles blessures où les vers commencent à s'introduire, de renforcer les os rompus, de réchauffer le corps, de raffermir les gencives et de calmer les douleurs dentaires.

8

Don Alonzo de la Peña Montenegro rapporte que les Espagnols s'en servaient pour combattre les fluxions, les rhumatismes et pour conserver les dents.

Julian considère la coca comme propre à réparer les forces épuisées, à ranimer les facultés intellectuelles et à fortifier l'estomac. Aussi en conseille-t-il l'usage aux hommes de lettres, non moins qu'aux métiers fatigants, et il cite à cette occasion l'exemple d'un savant missionnaire qui, cruellement tourmenté par l'hypocondrie, n'eut besoin que de recourir à l'infusion de coca pour rétablir complétement les fonctions de son estomac.

Le docteur Unanué recommande également la coca pour la conservation des dents; comme sudorifique, sous forme d'infusion, et, sous forme de mastication, pour fortifier l'estomac, dissiper les obstructions, ainsi que les coliques bilieuses. Il ajoute qu'on lui accorde le pouvoir de guérir les fièvres quartes et de prévenir la syphilis, mais il reconnaît n'en avoir pas fait l'expérience. — En application extérieure, sous forme de cataplasmes ou de fomentations, elle diminuerait ou ferait cesser les douleurs locales rhumatiques.

M. Martin de Moussy, qui trouve dans cette feuille beaucoup des qualités du café et du thé réunies, considère son emploi comme fort utile dans les indigestions et dans les embarras gastriques.

M. de Martius, dans son *Voyage au Brésil*, pose en principe qu'en raison de ses effets toniques, calmants et nutritifs avérés, la coca mérite d'être introduite dans les matières médicales européennes, et qu'elle agit avantageusement dans les faiblesses d'estomac, dans les obstructions, dans les coliques qui en proviennent, dans l'hypocondrie, dans l'anorexie.

M. Bolognesi, sans être médecin, m'a aussi cité le fait d'un de ses amis qu'il avait laissé à Aréquipa, souffrant de douleurs d'estomac, de troubles de digestions, et qui, malgré tous les traitements employés, non-seulement n'avait pu s'en débarrasser, mais avait failli y succomber. A son retour, il le retrouva entièrement rétabli, et il avait dû sa guérison à l'usage exclusif de la coca mâchée.

M. le docteur Mantegazza aurait constaté l'efficacité de la coca dans les maladies des dents, et surtout dans celles des gencives avec engorgement scorbutique. Il en emploie, dans ces cas, l'infusion froide concentrée, et la poudre mélangée avec du miel rosat, comme dentifrice.

Quant à l'action qu'elle exerce sur l'estomac malade, elle serait d'autant plus remarquable que, tout en facilitant les fonctions de cet organe, ainsi que nous l'avons dit précédemment, elle diminuerait la sensibilité maladive de la muqueuse gastro-intestinale.

Ce praticien n'hésite pas à affirmer qu'elle est supérieure, par ses qualités digestives, au maté, au café, au thé et aux autres boissons chaudes connues, que l'on prend après le repas et qui, dans les pays intertropicaux, détermineraient souvent de véritables irritations inflammatoires de l'estomac. Il a donc conseillé la coca aux jeunes gens et aux individus robustes aussi bien qu'aux vieillards et aux convalescents; aux Indiens aussi bien qu'aux nègres, aux blancs, aux métis de toutes couleurs. Il la recommande spécialement aux personnes dont les digestions sont lentes, difficiles ou douloureuses, dans les gastralgies aiguës, les névroses si variées de l'estomac, la dyspepsie, les affections spasmodiques, etc., etc., etc., et dans l'entéralgie simple ou flatulente. Elle lui a paru également utile, dans les diarrhées qui succèdent aux mauvaises digestions et qui s'accompagnent presque toujours de douleurs, en excluant seulement les cas d'inflammation aiguë. Une légère irritation de l'estomac et des intestins ne contre-indiquent pas son usage.

Dans les maladies de l'estomac, il administre les feuilles de coca, après le repas, sous forme d'infusion, à la dose d'un denier (1 gramme 20 centigrammes) à un denier et demi (1 gramme 80 centigrammes); mais il insiste sur son emploi prolongé pendant plusieurs mois, lorsqu'il y a faiblesse et lenteur habituelle de la digestion. — Beaucoup de personnes préfèrent la seconde infusion à la première, comme étant moins forte et plus délicate. — Pour les femmes irritables et pour les personnes très-nerveuses, on trouve parfois de l'avantage à y ajouter quelques feuilles d'oranger.

Dans les entéralgies, ou les coliques très-douloureuses, on l'administre sous forme de boisson ou en lavement. Dans ce dernier cas, on concentre davantage l'infusion : un dragme pour quatre onces d'eau bouillante (3 grammes 75 centigrammes pour 120 grammes), et ce petit volume du liquide permet de le garder plus longtemps. Si une première injection chaude ne suffit pas pour calmer les douleurs, on la répète de demi-heure en demi-heure, en se servant de la même feuille pour deux ou trois infusions successives.

Dans la convalescence des maladies prolongées, lorsque les toniques ordinaires ne sont pas bien supportés, il sera convenable d'essayer la coca, puisqu'elle tend à rétablir les forces du malade de deux manières, soit en facilitant la digestion, soit en fortifiant le système nerveux.

L'action de cette substance sur l'axe cérébro-spinal est non moins importante et plus mystérieuse que celle qu'elle exerce sur les organes digestifs. Que la feuille de l'*Erythroxylon* suspende ou ralentisse la destruction des tissus, ou qu'elle augmente l'activité des nerfs, il est certain, comme nous l'avons fait pressentir, qu'elle soutient l'unité vitale, et que son influence bienfaisante, profonde et prolongée, pourrait modifier d'une manière durable les fonctions des centres nerveux. Dans ce cas, il n'y aurait contre-indication de son emploi que lorsqu'il existe de véritables congestions actives vers ces régions, ou des inflammations bien caractérisées de ces organes, ou une altération organique de la pulpe nerveuse centrale. — Ainsi la coca semble pouvoir être administrée avec avantage dans toutes les circonstances où un trouble nerveux paraît dépendre d'un état général de faiblesse ou d'ataxie, dans les irritations simples de la moelle épinière, les convulsions idiopathiques, les engorgements avec éréthisme de la sensibilité, les grandes prostrations nerveuses, dans l'hypocondrie et le spleen.

M. Mantegazza en a même fait usage dans les aliénations mentales, s'accompagnant de symptômes de mélancolie, et en recommande chaudement l'essai aux praticiens qui, dans ces cas, ont recours parfois à l'opium; car, comme ce dernier, elle pourrait vraisemblablement produire des effets calmants sans troubler les fonctions de l'estomac.

Enfin, il a observé quelques cas de pollutions nocturnes et diurnes, provenant d'une faiblesse des organes génitaux, qui avaient été améliorés ou guéris par la mastication de la coca après le repas, et il est disposé à croire que les qualités aphrodisiaques, qu'on lui attribue assez généralement, peuvent en indiquer l'application aux cas d'impuissance.

Sans attendre le résultat de l'analyse chimique qui a fait connaître la *cocaïne*, M. Mantegazza conseillait aux malades d'en faire usage en infusion, ou, si cela ne répugne pas, de la chiquer, à la dose d'un drachme (8 à 9 grammes) par jour, comme étant le mode d'emploi le plus favorable.

Lorsqu'on voudra agir énergiquement sur le système nerveux, on pourra avoir recours à la *poudre des feuilles*, d'un à quatre drachmes (9 à 15 grammes), ou à l'*extrait hydro-alcoolique*, à la dose de cinq à dix grains (25 à 50 centigrammes) par jour, et augmenter graduellement les doses jusqu'à trente grains (1 gramme 50 centigrammes). La teinture alcoolique est aussi une préparation très-active.

Il n'a jamais associé l'infusion de la coca qu'avec des aromatiques ou avec du sous-nitrate de bismuth, quand il en a fait usage en pilules.

A l'appui de quelques-uns des emplois médicaux de la coca, M. Mantegazza rapporte plusieurs histoires de malades, courtes, mais assez concluantes. Elles concernent, presque toutes, des individus atteints de lésions plus ou moins chroniques des fonctions digestives, provenant soit d'imprudences prolongées, d'excès de régime ou de conduite, soit d'une convalescence longue et difficile. Chez la plupart prédominait un état d'adynamie ou d'ataxie nerveuse. Tous les sexes, toutes les races s'y trouvent représentés, les Italiens aussi bien que les Américains ou les Espagnols.

Sans les citer ici textuellement, pour éviter les longueurs, je ferai remarquer que, loin que le traitement paraisse avoir été dirigé d'une manière exclusive, comme le font souvent des praticiens enthousiastes, les appréciations de M. Mantegazza me semblent présentées avec réserve, et quoique disposé à regarder l'usage de la coca comme positivement indiqué dans plusieurs maladies nerveuses, souvent rebelles, telles que la chorée, l'hydrophobie et le tétanos, il convient franchement que l'expérience seule peut en décider et que la sienne lui a fait défaut jusqu'à ce jour.

J'irais même plus loin que lui, et je m'étonne qu'il n'ait pas songé à faire aux paralysies musculaires l'application d'un remède, dont l'action sur les nerfs de la motilité paraît aussi remarquable. En effet, ce serait, à mon avis, un des essais les plus rationnels dans certains cas de paralysie, s'accompagnant d'un état d'atonie ou d'un défaut d'harmonie entre les deux moitiés symétriques du centre cérébro-spinal, sans ramollissement présumable de la pulpe nerveuse, d'autant mieux qu'on n'aurait pas à se tenir en garde contre les accidents toxiques, que peut amener l'usage imprudent de certaines substances conseillées dans ces cas, telles que la strychnine et l'arsenic.

Ce point de vue m'avait assez préoccupé pour m'engager à mettre à profit une petite portion de la coca que m'avait confiée la Société impériale d'Acclimatation, pour entreprendre quelques essais thérapeutiques à l'hospice de Bicêtre, et MM. les docteurs Léger et Marcet s'étaient empressés de m'offrir leurs services à cet effet; mais soit que les propriétés de la coca eussent été détruites par une exposition de plusieurs années à l'air, et l'impossibilité de pouvoir en administrer des quantités suffisantes, soit la chronicité avancée des maladies traitées dans cet asile de vieillards, les résultats obtenus ont été nuls.

CHAPITRE XI.

ACCLIMATATION.

Dans les chapitres précédents, je crois avoir démontré les avantages probables que semble promettre l'emploi judicieux de la
coca, tant sous le rapport de l'hygiène que sous celui du traitement d'un certain nombre de maladies.

Partageant les vues de ceux qui ont eu l'occasion de la mettre à
l'épreuve et m'étayant des expériences physiologiques observées,
je ne balance donc pas à croire que l'introduction de cette substance en Europe pourrait y rendre des services signalés, et que
les appréhensions des excès qu'on pourrait en faire ne sauraient
contre-balancer les bénéfices apportés par son usage.

Toutefois, je ne pense pas que de longtemps elle puisse devenir
d'un emploi journalier et populaire, et il me paraît que son rôle
se bornera pour le moment à enrichir notre matière médicale.

Il est également probable qu'elle sera administrée chez nous
plutôt sous forme de macération, d'infusion aqueuse ou alcoolique
et d'extrait, que sous celle de masticatoire. Nos aliments, dans
la plupart des États européens étant en général plus azotés qu'au
Pérou, l'addition de sels alcalins ou de terres alcalines sera dès
lors superflue dans les circonstances ordinaires. Enfin, il est vraisemblable qu'elle ne sera pas non plus fréquemment employée
pour diminuer la faim.

Mais dans tous les cas, nous savons que, loin d'abréger la vie,
son emploi modéré tendrait au contraire à la prolonger, et que
l'action qu'elle exerce sur le système nerveux, sans épuiser les
forces musculaires, serait un excellent préservatif contre les influences nuisibles externes.

Employée comme médicament, la coca serait appelée à jouer
un rôle important dans le traitement des maladies nerveuses accompagnées de faiblesses, surtout dans celles de l'estomac et des

organes musculaires. Et, d'un autre côté, la stimulation énergique qu'elle paraît exercer sur le système sanguin, nous tiendrait en garde contre son emploi chez les malades d'un tempérament pléthorique, ou prédisposés aux congestions cérébrales et aux inflammations aiguës. Il conviendrait aussi d'être prudent dans son administration à fortes doses, ou d'une manière continue, et d'éviter autant que possible les effets de l'habitude.

Au reste, le prix élevé auquel se maintiendra ce produit, en raison des frais de culture et de transport, préviendra, plus sûrement que toute autre raison, les écarts auxquels on pourrait se livrer, et empêchera que la coca ne devienne une cause de vice, comme les alcooliques et le haschisch.

Cela dit, il nous reste à trouver les moyens, non-seulement de faciliter son introduction dans nos pays, mais aussi de prévoir le cas où, l'opinion éclairée des hommes de l'art s'étant prononcée en sa faveur, l'usage s'en généraliserait dans la pratique médicale.

Or, la première question qui se présente est de savoir si, dans l'avenir, on pourra se procurer les feuilles de coca en suffisante quantité pour satisfaire aux demandes, et cette question me paraît loin d'être résolue.

En effet, nous avons vu que la culture de cet arbrisseau est limitée à quelques régions des républiques de la Bolivie et du Pérou, d'un accès très-difficile, que, de plus, le produit en est consommé sur place, tout en se maintenant à des prix élevés.

Qu'arriverait-il si les demandes extérieures en absorbaient une quantité notable?

Sans doute l'industrie agricole indigène chercherait à prendre un nouvel accroissement, une nouvelle activité, et nous souhaitons qu'elle le fasse dans l'intérêt de ces États; mais il est facile de prévoir en même temps les obstacles sans nombre qui viendraient l'entraver, pendant de longues années, sous une administration qui n'a pas encore les éléments d'une organisation régulière, au milieu de populations clair-semées, routinières et apathiques; sans parler des difficultés matérielles qu'opposeraient à l'extension de ce commerce la rareté des capitaux, l'insécurité des propriétaires, l'absence de bonnes routes, d'une navigation commode, les distances immenses à parcourir, etc., etc. On doit donc s'attendre, quoi qu'on fasse avec ce système, à une production insuffisante, difficile à se procurer et à une élévation de prix qui rendrait inabordable l'usage un peu général de la coca.

Dans cette alternative, je pense que, sans nuire aux intérêts légitimes des pays qui fournissent actuellement cette substance et qui, à l'avenir, pourront nous en fournir davantage, il y aurait convenance, dès à présent, à songer aux moyens de multiplier les lieux de production, en rapprochant ceux-ci des foyers probables de consommation en Europe, et en rendant leur accès plus facile, à l'aide d'une acclimatation graduelle de la plante en dehors des Andes; car c'est cette acclimatation, dans d'autres pays moins excentriques, qui peut seule nous mettre à même de résoudre le problème d'une manière satisfaisante.

L'entreprise est-elle possible, peut-elle devenir probable? je le pense également, et voici les raisons sur lesquelles je base mes espérances.

Nous avons dit que l'*Erythroxylon* coca était cultivé surtout dans la zone de montagnes sub-andines, dont la température moyenne est plutôt tempérée et égale. Nous avons aussi appris qu'il prospérait spécialement dans les vallées exposées au soleil et abritées contre les vents violents, vallées s'élevant, en Bolivie, entre le seizième et dix-septième degré de latitude sud, jusqu'à six mille six cents pieds (2,200 mètres), et que cet arbrisseau préférait une température moyenne de $+15°$ C., à un degré plus élevé de chaleur atmosphérique, enfin, qu'il redoutait par-dessus tout la gelée, et que, par conséquent, il fallait éviter les localités où le thermomètre pouvait s'abaisser à zéro dans certains moments. D'autre part, il ressort des mêmes documents qu'il a besoin d'humidité dans les pays intertropicaux, et non-seulement d'une humidité atmosphérique prédominante, mais subsidiairement d'un arrosement artificiel, lorsque les pluies viennent à manquer; et que c'est dans les terres siliceuses, schisteuses et argileuses, mais légères et meubles, telles que celles qui proviennent des détritus de schistes et de grès, où prospèrent les quinas, qu'il réussit de préférence et non dans les terrains calcaires.

Ces conditions posées, si l'on trouve dans d'autres pays des conditions semblables ou s'en rapprochant beaucoup, l'acclimatation est possible. Il n'y a donc de contre-indication positive que l'influence pernicieuse de la gelée ou de la sécheresse prolongée.

Et, remarquons que cette acclimatation serait d'autant plus facile et plus probable, que nous avons affaire, non à une plante sauvage, mais à un arbrisseau déjà domestiqué depuis des siècles; car il est reconnu que l'état de domestication est favorable à l'acclimatation, chez les plantes aussi bien que chez les animaux. C'est ce qui explique comment la coca a pu croître et se propager dans les plaines du Brésil, bien qu'une température élevée au delà de 20° C. lui fût contraire, et ce qui nous fait espérer qu'il pourra également s'acclimater plus tard, dans des localités dont la température, quoique inférieure à 15° C., serait plus ou moins égale, sans jamais descendre à zéro. La preuve nous en est d'ailleurs déjà fournie par cette plante elle-même, qui n'était primitivement domestiquée que sous la latitude de Cuzco, vers le neuvième degré de latitude sud, jusqu'à une hauteur ne dépassant pas cinq mille pieds (1,600 mètres), mais qui, introduite en Bolivie, dont la latitude est inférieure de quelques degrés, y prospéra assez pour arriver à l'altitude de deux mille deux cents mètres.

Toutes les autres causes de succès ou de revers dépendent du mode de culture et de la richesse du terroir, et, à cet égard, nous possédons des données suffisantes pour qu'on puisse être guidé convenablement.

Malgré cela, on conçoit que le nombre des localités, répondant aux *desiderata* énumérés, ne soit pas considérable, et j'aurais été assez embarrassé de les désigner, en ne consultant que les traités de météorologie et de géologie, si, parmi les végétaux qui prospèrent dans le voisinage de la coca, l'un d'entre eux ne fût venu me mettre sur la voie de la solution du problème.

Les *caféiers*, avons-nous dit, plantés dans le contour des plantations de coca réussissent assez bien pour fournir un fruit qui, dit-on, va de pair avec le café moka.

D'un autre côté, les conditions atmosphériques, topographiques et telluriques des lieux où l'on cultive les caféiers, correspondent à celles que nous avons reconnues être favorables à la coca. On voit également ces plantations réussir dans les régions inter-tropicales, sur le penchant de montagnes ombragées, dans des vallées profondes, jouissant d'une exposition au levant, abritées contre les vents violents et soustraites à la température élevée des plaines, quoique exposées journellement à l'évaporation aqueuse abondante qui s'en échappe, là où le thermomètre ne descend pas au-dessous de 10° C. et où se rencontrent des terrains schis-teux, argileux, légers ou volcaniques, un sol fertile et composé de détritus végétaux.

Ces localités privilégiées sont, à l'occident, la plupart des An-tilles, en particulier la Martinique, Cuba, Porto-Rico, Saint-Do-mingue, la Jamaïque, etc., etc. En Amérique, sur le continent, les parties montagneuses de la Guyane, de Costarica, de Guatémala et les montagnes de la région moyenne du Brésil, connues sous le nom de *Chaîne des Orgues ;* à l'orient, la province de l'Yémen en Arabie, en particulier la montagne de Saber, où l'on cultive le *Cath* et le café, la province du Chiré en Abyssinie, ainsi que les îles de la Réunion et de Java.

C'est dans ces localités que devront être tentés les premiers essais de naturalisation de la coca, à l'aide de semis judicieux, et de cette manière, on parviendra à se tenir au niveau de la con-sommation et du commerce [1].

[1] Sans doute, la nature même des graines, les exigences de leur culture, la position exceptionnelle des lieux où elles se produisent et se propagent, peu-vent faire naître des obstacles à leur transport au loin. Nous ignorons du moins complétement jusqu'à ce jour, les conditions qui nous permettraient de conserver intactes leurs facultés germinatives : le fruit paraît assez délicat, la fermentation du parenchyme charnu altère les qualités de son germe, et nous apprenons que les planteurs ont l'habitude de semer immédiatement le fruit frais (Weddell). Mais, d'autre part, on est parvenu, à l'aide de précautions variées, à conserver à d'autres fruits non moins délicats, la faculté de se pro-pager, malgré les péripéties de voyages aussi lointains, à travers les climats les plus opposés. Il faut donc espérer qu'on trouvera le moyen d'obtenir un ré-sultat semblable pour les fruits de l'*Erythroxylon coca.*

En attendant, comme il s'agit des premiers essais, il ne faut pas trop s'éloi-gner des pratiques adoptées dans le pays d'origine. Ainsi il conviendrait de

Plus tard, si on le juge convenable, on pourra les répéter dans des climats plus rapprochés de l'Europe, mais je crains qu'à ces latitudes, l'absence des pluies tropicales ne nuise à la végétation de cette plante, dont la culture, pour être profitable, doit offrir au moins trois récoltes de feuilles par année.

semer, dans la belle saison et avant le départ, les fruits fraîchement récoltés dans une caisse un peu haute, garnie vers le bas d'une couche de terreau ou de sable humide, qu'on maintiendrait autant que possible immobile, à l'aide d'un léger treillis. Le tout serait soigneusement enveloppé de couvertures épaisses de laine, pour mettre le contenu tout à fait à l'abri du gel dans la traversée des Andes; le transport s'en ferait promptement, et à l'arrivée sur les côtes, on aurait soin de renouveler l'air et l'humidité avant l'embarquement, afin de favoriser la germination qui pourrait s'être opérée.

On pourrait aussi essayer, pour plus d'économie de temps et de frais, de se borner à l'envoi des fruits frais, mûrs ou près d'être mûrs, disséminés dans une caisse contenant du sable sec ou du charbon de bois en poudre bien tassés, et de les expédier ainsi à travers les Cordillères jusqu'à la côte. Arrivés-là, on les sèmerait dans un terrain siliceux ou ardésien, fumé de guano, de manière à obtenir avant l'embarquement leur germination régulière, sans courir les risques d'un transport chanceux, toujours plus ou moins difficile, de la plante en pleine végétation.

APPENDICE.

Depuis l'envoi de mon mémoire, j'ai eu l'avantage de faire la connaissance, à Paris, de M. Eugène Roehn fils, l'infatigable importateur des
alpacas et des llamas, à Cuba, aux États-Unis et en France, qui, ayant parcouru les plateaux des Andes pendant plusieurs années et vécu au milieu
des populations indigènes, a été à même, mieux que beaucoup d'autres
voyageurs, d'étudier la coca et de porter un jugement sur la valeur de
ses effets. Il s'est empressé de me donner les informations qu'il avait
recueillies à ce sujet, et de me communiquer le résultat de sa propre expérience, et, quoique ses conclusions fussent en grande partie conformes
à celles que j'ai déjà formulées, je n'ai pas cru inutile de rappeler ici,
d'une manière abrégée, les rapports d'un observateur aussi éminemment
pratique.

L'action de la coca lui a paru être celle d'un *stimulant direct*, à la
manière du café ou du thé, et ne déterminant jamais de sommeil. Il reconnaît à cet agent une influence sur le système nerveux en général et
sur le système musculaire en particulier.

Il a été témoin des effets de l'abus de la coca chez les Indiens, abus
qui donne lieu à une ivresse d'une nature spéciale, à des hallucinations
et se termine par une espèce d'idiotie.

Les effets fâcheux qui en résultent ne se font jamais sentir lorsqu'on
exerce les muscles, en route ou pendant un travail forcé. Il n'en est pas
de même dans le repos absolu ; aussi, lorsque les Indiens veulent s'enivrer

avec la coca, ils se retirent dans des lieux isolés et obscurs, et restent dans une tranquillité complète.

L'usage prolongé de la coca n'abrége cependant pas la vie, comme on serait tenté de le supposer *à priori*. La proportion des vieillards de soixante et dix à quatre-vingts ans, chiqueurs dès leur enfance, est très-considérable sur les plateaux.

L'influence avantageuse de la coca, suivant l'altitude des lieux, est assez manifeste. Elle l'est davantage à de grandes élévations, par une température froide et sèche. L'élévation de douze cents mètres est la limite où l'utilité de son emploi commence à se faire sentir. Elle l'est moins dans les lieux bas, chauds et humides ; aussi les Indiens n'en font presque pas usage dans ces dernières localités, à moins qu'ils n'y soient en passage et par un effet d'habitude.

Les femmes indiennes sont aussi friandes de coca que les hommes, et même elles tendent plus facilement à en faire abus, parce que la vie sédentaire les y prédispose. On voit des enfants en user de très-bonne heure, et même les nourrices, après que l'enfant a pris le sein, introduisent dans la bouche de leur nourrisson une petite portion de la coca qu'elle chiquaient.

La dose journalière de coca, chiqué par les Indiens, est en moyenne, d'environ trois-quart d'once (23 à 24 grammes).

M. Roehn n'a pas aperçu de différences entre les effets de la coca chiquée, infusée ou fumée. La décoction seule lui a semblé agir comme purgatif.

Dans de certaines limites, il considère comme exact ce que rapportent MM. de Tschudy et Poeppig, de l'impression défavorable qu'exerceraient sur la tête les effluves odorants, dégagés au moment de la dessiccation des feuilles.

Les organes des sens ne lui ont pas paru affectés d'une manière spéciale par la coca ; cependant son emploi prolongé tendrait à affaiblir la vue qui, chez les Indiens, est remarquablement perçante et longue.

La mastication de cette feuille augmente la sécrétion salivaire, et l'addition de chaux ou de *llipta*, qui lui parait une affaire de goût, active encore plus cette sécrétion. Dans la république de l'Équateur on se contente de chiquer les feuilles de coca sans ajouter de *llipta* ni de chaux.

Quoique mâchant la coca, dans le cours de ses pérégrinations, il dit n'avoir jamais avalé sa salive et ne l'avoir pas vu faire davantage à ses Indiens des deux sexes. Il ne pense pas non plus que l'addition de *llipta*,

ou de chaux serve à contre-balancer les effets d'une alimentation purement végétale; car, suivant lui, les Indiens sont loin de ne manger uniquement que des végétaux [1].

Les fonctions intestinales ne sont point activées par la coca, mais bien
les fonctions rénales.

Les fonctions de la peau en sont favorisées, quoiqu'il ne se manifeste
pas de véritables sueurs, et, à la longue, la perspiration cutanée acquiert
une odeur ammoniacale *sui generis* [2].

L'influence aphrodisiaque de la coca lui paraît incontestable.

La sécrétion du lait, chez les nourrices qui font usage de cette feuille,
est plutôt activée que diminuée.

Lorsque les Indiens, chiqueurs de coca, sont en marche, ni leur pouls,
ni leur respiration ne sont accélérés.

M. Rochn s'est assuré de plus, par sa propre expérience, que la coca est
un agent des plus utiles pour soutenir les forces, malgré des ressources
alimentaires insuffisantes, car il a pu supporter, sans en être éprouvé,
des marches très-fatigantes, avec une minime proportion d'aliments, et il
ne croit pas que, sans le secours de la coca, il eût pu résister à la fatigue
comme il l'a fait.

Il n'a pu me fournir d'exemple de cas où cette feuille ait suppléé à
une abstinence complète, et ne pense pas qu'elle possède une qualité
nutritive spéciale. Toutefois il admet qu'avec une bonne provision de
coca on peut supporter, sans inconvénients, une privation d'aliments

---

[1] Malgré ces assertions contradictoires, MM. Weddell et Angrand persistent à croire
que la plupart des Indiens *coqueros* avalent leur salive; seulement ils font observer
que cette déglutition incessante n'est pas très-sensible, parce que les chiqueurs de
coca salivent en général peu, et, par conséquent, n'ont pas grand'chose à avaler ou
à cracher. Lorsqu'ils crachent, ce n'est ordinairement que pour se débarrasser du reste
de leur chique épuisée, avant d'en prendre une nouvelle. Ces messieurs affirment aussi
d'une manière positive que la base du régime des populations indiennes sur les plateaux est presque entièrement végétale, et que ce n'est qu'exceptionnellement qu'elles
font usage de viande de mouton gelée et séchée (*chalona*), ou, dans les jours de fête,
de viande fraîche de llama.

[2] Suivant M. Angrand, cette odeur, qui ressemble en diminutif à celle du vieux
guano, est commune à tous les Indiens des plateaux, lorsqu'ils descendent dans les
zones chaudes des plaines ou des côtes, et peut dépendre de leur régime alimentaire et
de leur malpropreté, tout aussi bien que de l'usage habituel de la coca. Ce qui sem-
blerait le prouver, c'est que les Européens qui résident sur les côtes, sans jamais
chiquer cette feuille, et qui sont atteints de fièvres d'accès, exhalent cette même
odeur au moment où, l'accès de froid passé, la sueur est sur le point de se déclarer.

prolongée pendant quelques jours, et il reconnait que les personnes qui n'en font pas usage ont besoin d'une nourriture plus abondante, pour conserver le même degré de force.

Il a également observé que la mastication de la coca diminue positivement la sensation de soif, et il est d'avis que l'humectation de la bouche par la salive contribue à produire cet effet.

Quant à son efficacité pour prévenir le *mal de montagnes* du Pérou (*soroché*), il l'a constamment vérifiée sur lui-même.

L'odeur fétide de l'haleine chez les *coqueros* lui paraît tenir à la plante et non au défaut de propreté de la bouche [1]; mais l'addition de la *llipta* en est la principale cause.

Sans pouvoir se prononcer sur l'utilité de la coca pour conserver les gencives et les dents, il affirme que les Indiens des plateaux ont rarement des maladies des dents.

Il n'a pas remarqué que la mastication journalière de cette feuille ait jamais déterminé de gastralgies, de pyrosis, ni de jaunisses.

Tout en convenant que la manière actuelle de conserver les feuilles de coca, après la récolte, leur fait perdre une partie de leurs qualités, M. Rœhn pense que, quand elles sont fortement tassées dans plusieurs enveloppes de papier bien collé et mises à l'abri de l'humidité, elles peuvent se conserver bonnes assez longtemps, du moins sur terre; car il a remarqué que les émanations de la mer ou des navires altéraient surtout leurs qualités et, par conséquent, rendaient nécessaire l'addition d'enveloppes imperméables avant l'embarquement.

Il mentionne aussi un fait qui mérite confirmation, savoir : qu'un pharmacien italien, demeurant à la Paz, aurait préparé un *sulfate de coca*, analogue pour les effets au sulfate de quinine, contre les fièvres intermittentes; il m'a dit, de plus, l'avoir employé avec succès dans ce but, à la dose d'une cuillerée à café, pour les Indiens qui l'accompagnaient. L'amertume de ce sel était un peu différente de celle du sulfate de quinine et son apparence plus terne.

Enfin, il nous signale une altération de la coca du commerce, dont M. le docteur Weddell n'a jamais eu connaissance, et qu'il importe également de vérifier. Il dit qu'on mélange à la coca, cultivée dans les Yungas

---

[1] L'expérience de M. Terreil, que j'ai citée dans le chapitre VI, page 61, explique très-bien comment la réaction alcaline de la salive ou de la *llipta* sur les principes extractifs de la feuille, pendant la mastication, produit cet effet, tandis que l'usage, même journalier, de la simple infusion dans l'eau chaude en est tout à fait exempt.

(129)

de Bolivie et dans les *montanas* de Cuzco, les feuilles d'un arbrisseau qui porte le nom de *Justa* dans le pays, et que, sans être botaniste, il considère comme une espèce différente d'*Erythroxylon*. Cette plante, assez répandue dans la république de l'Équateur, aurait une amertume plus prononcée et des qualités plus actives que la coca des plantations de Bolivie et du Pérou, et c'est ce qui engagerait les habitants à en faire usage.

L'annonce d'un pareil mélange, même en le supposant avantageux, et la possibilité de falsifications ultérieures plus graves, m'ont engagé à étudier cette question, en entrant dans plus de détails que je ne l'avais fait précédemment, et voici le résultat de cet examen.

Ni la forme, ni les dimensions des feuilles de l'*Erythroxylon coca* ne nous paraissent propres à établir d'une manière invariable le diagnostic de cette feuille et de celles avec lesquelles on pourrait la confondre; car nous avons vu que sur la même plante on trouvait des feuilles allongées et acuminées, ou ovales, avec un sommet arrondi, tantôt grandes, tantôt petites.

Il n'en est pas de même de sa nervation. Ici nous retrouvons des caractères assez fixes, sur lesquels je crois devoir insister plus particulièrement.

De la nervure médiane, toujours plus ou moins volumineuse et saillante à la surface inférieure du limbe, se détachent presque parallèlement et un peu obliquement, des nervures latérales, alternes et nombreuses, très-peu saillantes et assez fines. Leurs extrémités, avant d'arriver au bord du limbe, se bifurquent, se contournent et s'anastomosent entre elles, de manière à former une ou deux séries d'arcades inégales, quoique présentant une espèce de symétrie. De ces arcades partent à leur tour des nervules plus ténues, qui composent un réseau aréolaire le long des bords, et d'autre part, dans l'intervalle des nervures latérales, on voit des nervules, non moins déliées, partir de la nervure médiane et se subdiviser en un grand nombre d'aréoles polygonales. Par suite de cette disposition, la feuille, lorsqu'elle a atteint tout son développement, tend à s'épaissir et à prendre une teinte plus ou moins opaque.

Tels sont les caractères généraux de la nervation dans le genre *Erythroxylon*, auquel appartient la coca.

Mais si la distribution des nervures nous empêche de confondre la coca cultivée avec les plantes penninerves étrangères à ce genre, l'apparence et la texture du parenchyme de sa feuille nous fournissent à leur tour des

9

caractères précieux pour la distinguer des autres espèces d'*Erythroxylon* qui croissent au Pérou et en Bolivie.

Ces signes distinctifs résultent de l'apparition, à la surface inférieure du limbe, d'un phénomène particulier dont j'ai déjà fait mention dans la description botanique. Il consiste dans la présence, vers le tiers interne de la surface, de deux lignes courbes qui accompagnent la nervure médiane dans toute sa longueur et se rejoignent, sous un angle très-aigu, à la base et au sommet.

Ce phénomène nous a été d'abord signalé par Joseph de Jussieu, dans le dessin remarquable de la coca qu'il avait fait sur place près de Sicasica, le 29 juin 1749, et qui se trouve joint à son herbier. Le savant botaniste n'avait eu garde de le confondre avec les nervures de la feuille, mais sans se rendre compte de la cause qui l'avait produit.

Plus tard, Lamarck avait entrevu cette dernière, puisqu'il fait observer, dans l'*Encyclopédie méthodique,* en parlant de ces lignes, « qu'elles » ne sont que des impressions formées par l'application des bords de la » feuille l'un sur l'autre, dans leur jeunesse. »

Il était réservé à M. de Martius d'en donner l'explication complète.

L'habile physiologiste reconnut que ces espèces de lignes étaient déterminées dans le bourgeon, par le plissement et l'enroulement en spirale du limbe de la feuille, du côté de la nervure médiane.

En effet, lorsque les feuilles commencent à se développer, elles apparaissent vers le haut du bourgeon sous forme d'alène et enroulées, ne laissant de libre qu'une partie étroite de la surface inférieure, mais non la nervure médiane, car elles sortent toujours un peu contournées et, par conséquent, avec des bords inégaux. La nervure médiane d'un côté et les deux bords extérieurs du limbe de l'autre, pressent donc à gauche et à droite sur le parenchyme de la surface inférieure et en soulèvent une partie, sous forme de deux légères bandelettes ou plissures étroites, qui passent par-dessus toutes les nervures latérales et se dessinent, surtout dans leurs interstices, par une teinte plus foncée.

Il en résulte aussi que, dans les deux surfaces qui occupent l'intervalle entre la nervure médiane et les plis longitudinaux, le parenchyme y est déprimé, plus ou moins lisse, et que son réseau, très-serré, lui communique une teinte un peu plus opaque [1], lorsqu'on l'examine par transpa-

[1] Cette différence de teinte est ordinairement plus appréciable le long de la nervure médiane et des lignes que suivaient ou que suivent encore les plissures, ou bandelettes.

rence, tandis que les bords extérieurs du limbe, tout en se maintenant à un niveau un peu supérieur, sont plus translucides.

Quoique les dessins de MM. de Jussieu, Unanué et de Martius, pris sur la plante fraiche, représentent, sur presque toutes les feuilles, ces espèces de bandelettes ou de saillies longitudinales, il parait qu'elles s'effacent quelquefois d'assez bonne heure, sont souvent peu apparentes, indiquées seulement par des lignes brisées ou quelques points, ou même disparaissent tout à fait. M. le docteur Weddell est disposé à l'attribuer à l'influence de la nutrition plus ou moins active de la feuille, suivant les conditions variables de culture ou de saison. Dans le quart au moins de la coca du commerce on ne les distingue plus.

Mais ce qui s'efface plus difficilement, même dans les feuilles sèches de la coca cultivée, c'est l'espèce de dépression et de teinte plus opaque que conserve la partie du limbe, qui s'étend de chaque côté de la nervure médiane, jusqu'aux lignes ou bandelettes latérales. C'est un caractère facile à constater et plus persistant que les lignes en question [1].

Au reste, si l'on s'en rapporte aux publications scientifiques du jour, le nombre des espèces d'*Erythroxylon* sauvages, originaires des parties montagneuses du Pérou et de la Bolivie, serait peu considérable.

Le professeur Poeppig n'en a fait connaître que deux, l'*Erythroxylon macrocnemium*, trouvé dans les bois de Cuchero (Haut-Maynas), qui a des feuilles de plus d'un pied de long, et l'*Erythroxylon mama-cuca*, recueilli dans la vallée du Huallaga, décrit par de Martius, et dont les feuilles se rapprochent, en effet, assez de celles de la coca cultivée, mais ne présentent ni plis latéraux, ni surfaces déprimées et plus opaques, le long de la nervure médiane.

Cette dernière plante, que les indigènes considèrent comme la souche

---

[1] Il est évident, d'après cet exposé, que notre illustre De Candolle, en divisant le genre *Erythroxylum* en deux sections, qui reposent, en définitive, sur l'agencement des feuilles dans le bourgeon, eût mieux fait, peut-être, d'adopter comme signe distinctif de l'une d'elles, la dépression assez persistante du parenchyme à la surface inférieure du limbe, au lieu des deux lignes souvent fugaces, qu'il a conisdérées à tort comme des nervures, et qui lui ont fait réserver le caractère aréolaire à l'une des deux sections.

Si donc, dans ma partie historique, je me suis étayé de l'imposante autorité du *Prodromus*, pour émettre des doutes sur les affinités entre l'*Erythroxylon coca* cultivé et l'*Erythroxylon hondense*, avant d'avoir consulté l'herbier de Kunth, je puis avoir commis une faute, mais du moins les doutes étaient bien excusables.

de la coca cultivée, correspond-elle à l'arbrisseau que M. Roehn a désigné sous le nom de *Justa?*

C'est une question que l'avenir doit résoudre.

D'autre part, M. le docteur Triana (José), de Bogota, jeune botaniste, non moins modeste que zélé et instruit, venu en France pour publier, conjointement avec M. Planchon, professeur à Montpellier, la flore de la Nouvelle-Grenade, m'informe que, les Incas ayant étendu leurs conquêtes jusque vers le haut de la vallée de la Magdaléna, il est probable qu'ils y introduisirent la culture de la coca. De fait, les plantations de cet arbuste, quoique très-négligées, y existent encore aujourd'hui, et les habitants y continuent de faire usage de ce masticatoire, avec addition de chaux vive.

M. Triana s'est aussi assuré de la présence de la coca cultivée dans quelques vallées du versant oriental de la Sierra Nevada de Ste-Marthe, en particulier dans celle d'Upar, et en a rapporté des échantillons. Quoique cette culture y soit encore plus négligée que dans la haute Magdaléna, elle offre le moyen le plus efficace de se procurer à peu de frais et sans risques tous les plantons et toutes les graines dont on peut avoir besoin pour l'acclimatation de ce végétal à l'étranger. En effet, le fleuve de la Magdaléna, qui se jette non loin de là dans la mer des Antilles, est parcouru jusqu'à Honda par des bateaux à vapeur; par conséquent, le transport de la Sierra Nevada au fleuve est des plus faciles et des plus prompts, sans avoir à traverser aucune chaîne de montagnes.

Comme complément final de mes recherches, j'ajouterai que, grâce à la bienveillance si active de M. le docteur Lemercier, j'ai pu consulter tout récemment un article sur la *Coca et ses effets,* dans les derniers numéros du *Kosmos,* journal allemand, censé avoir paru en décembre 1860, mais qui n'a été distribué à Paris qu'en décembre 1861. Cet article n'est en général que la reproduction de plusieurs des documents que j'ai consignés dans mon Mémoire; mais il m'a mis sur la voie d'un travail analogue, nouveau pour moi, dû à la plume éclairée de M. docteur Ernst de Bibra, et dont j'ai le regret de n'avoir pas eu plus tôt connaissance.

Ce savant a étudié avec un esprit remarquablement philosophique quelques-unes des pratiques adoptées par différents peuples du globe pour se procurer des jouissances sensuelles. Il attribue des propriétés narcotiques aux substances employées dans ce but, et place dans leur catégorie, non-seulement les feuilles de coca, mais aussi plusieurs autres agents tirés du règne végétal, tels que la graine et les feuilles de café, le thé de Chine, le maté, le guarana, le chocolat, le thé de Fayan, le cath, la fausse oronge, le datura, l'opium, le lactucarium, le haschisch, le tabac et le bétel.

Sans entrer ici dans une discussion sur la valeur de ce classement, et sans rappeler le témoignage des auteurs qui ont précédé M. de Bibra dans l'étude de la coca [1], je me bornerai à citer son expérience personnelle et les appréciations judicieuses qu'elle lui a suggérées.

Ce fut pendant son séjour au Chili, dans une visite aux mines de cuivre de la baie d'Algoden, qu'il vit faire usage de cette feuille. Quelques Indiens, originaires des plateaux, travaillaient sur les lieux, occupés à monter sur leurs épaules, du fond de la mine, des charges de cent trente livres, et obligés de faire des efforts d'autant plus pénibles que les échafaudages établis dans les puits étaient aussi irréguliers qu'incomplets.

Dans l'intervalle de chaque voyage, ils se reposaient pendant une demi-heure, et, assis sur les bancs de la hutte, ils mâchaient de la coca, renouvelant leur chique toutes les dix minutes, gardant le plus profond silence et avalant leur salive. M. Bibra ne remarqua chez eux, pendant ce temps de repos, aucun signe d'excitation ni de fatigue, mais une expression d'indifférence apathique, à laquelle succédait une activité bruyante au moment du travail ; d'ailleurs on lui affirma que cela ne les empêchait pas de faire honneur aux repas.

Il rencontra aussi, dans les environs de Valparaiso, un vieil Indien, espèce de colporteur médicastre, qui lui vendit une provision de feuilles et de *llipta*. Le lendemain de son achat il voulut en essayer l'effet, et, après une course de plusieurs heures, faite à un pas modéré et le cigare à la bouche, il fit halte et chiqua sa coca, en ajoutant une dose convenable de *llipta*. Alors se manifesta un goût aromatique qui n'était pas désagréable et rappelait celui de la sauge, en même temps que la sécrétion

---

[1] J'en excepte celui du docteur Meyen, lequel, après avoir visité les plateaux des Andes, se rendit à Aréquipa, en passant auprès du volcan de ce nom. Arrivé de nuit sur ces hauteurs, par un temps des plus froids, son guide lui conseilla de mâcher de la coca pour résister aux rigueurs de la température. Les effets de cette feuille furent d'abord en général excitants, mais plus tard, ils lui parurent déterminer un léger étourdissement, comme le fait l'opium. Toutefois il convient que son usage relève le moral des Indiens, en les préservant de la fatigue, de la faim et du froid.

de la salive était activée. D'ailleurs il ne ressentit après ni bien-être ni malaise, ni aucune influence quelconque sur son système nerveux ; seulement, la sensation de la faim fut supprimée ou masquée ; car, quoiqu'il n'eût pris le matin que du café à l'eau sans sucre, comme à son ordinaire, il n'éprouva aucun besoin d'aliments jusqu'au soir, au moment de se mettre à table, et n'en mangea pas moins avec appétit.

Cet effet lui semble donc pouvoir être comparé à ce qu'on ressent lorsqu'on a passé l'heure ordinaire d'un repas, et que la faim ne se fait plus sentir jusqu'au repas suivant. Il insiste d'autant plus sur l'exactitude de cette appréciation, qu'étant habitué à manier les narcotiques dans ses expériences, il pense être au nombre de ces observateurs qui conservent l'empire de la volonté sur leurs jugements, même quand l'action de la substance qu'ils étudient est le plus caractérisée.

Lorsque M. de Bibra voulut répéter ses expériences en Europe, avec la coca qu'il avait rapportée et conservée depuis cinq ans, il n'obtint pas les mêmes résultats. Le goût aromatique était bien le même, quoique fort affaibli, mais la faculté rassasiante avait disparu, et la sécrétion salivaire, loin d'être accrue, avait plutôt diminué, jusqu'à produire une sensation de sécheresse dans la bouche ; et, à deux reprises, il éprouva un assoupissement insolite une demi-heure après avoir chiqué sa coca.

Il ne décide pas si ces effets n'étaient qu'accidentels ou dus à la conservation imparfaite, prolongée, de sa provision de feuilles, mais il a soin de rappeler que les Indiens considèrent la coca qui a été gardée au delà d'un an, comme ayant perdu ses qualités essentielles primitives, et il émet l'idée qu'elle pourrait, dans ce cas, en acquérir de nouvelles.

Quant à la faculté que posséderait cette plante, de suppléer à une abstinence forcée temporaire ou à une nourriture insuffisante, de soutenir les forces et de préserver des effets des intempéries, il ne saurait la mettre en doute, en présence d'une consécration empirique séculaire, et du témoignage unanime de voyageurs consciencieux. Il cherche seulement à l'expliquer, en admettant la possibilité d'un ralentissement dans le mouvement de composition et de décomposition des éléments organiques, ce qui permettrait d'imposer silence à la faim pendant un temps plus ou moins long. Il se demande, en outre, si l'usage répété de la coca ne serait pas nécessaire pour produire les effets qu'on lui attribue, comme c'est le cas de plusieurs autres substances analogues.

Généralement, il ne blâme point son usage prudent et modéré, et ne s'élève que contre l'abus qu'on pourrait en faire.

Enfin, vu l'importance du sujet, il exprime le désir (ce que j'ai fait également dans un rapport adressé à la Société d'anthropologie de Paris [1]) qu'on institue, dans les lieux d'origine et sur des Indiens, des expériences régulières et concluantes, pour constater la réalité du phénomène ou pour en modifier la portée.

Calculant ensuite la quantité probable de coca qu'on peut récolter dans les Andes, il l'évalue à trente millions de livres, et en admettant qu'on puisse retirer huit cents livres de feuilles sur environ un arpent de terrain (ein Morgen), la culture totale de la coca occuperait, suivant lui, trente-sept mille arpents : calcul hypothétique, qui me paraît exagéré, aussi bien que le nombre des consommateurs Indiens, qu'il porte à dix millions.

Il termine par des essais d'analyse qui, vu la petite quantité de coca sur laquelle on a opéré, sont restés incomplets.

Quant à la *tonra* [2] que lui avait confiée M. de Martius, elle lui a donné les résultats suivants :

Carbonate de chaux	2,00
Carbonate de magnésie	0,94
Alumine et fer	0,31
Sels insolubles, de silice, d'alumine et de fer	1,70
Charbon	0,54
Muriate, phosphate, sulfate et carbonate alcalin	3,42
Substances insolubles dans l'éther	*Traces.*

Nota. — Le principe alcalin était principalement composé de potasse, et les sels insolubles contenaient environ un pour cent d'alumine, de fer et de sable.

Paris, 26 décembre 1861.

[1] Voyez mon *Rapport sur les questions ethnologiques et médicales relatives au Pérou*, dans les Bulletins de la Société d'anthropologie de Paris, t. II, pp. 86-137, premier fascicule, de janvier à mars 1861.

[2] Le nom de *tonra* qu'il donne à la *llipta* nous paraît être une faute de copiste, du moins Ulloa, qu'il cite, ne désigne la substance qu'on ajoute à la coca, dans les environs de Quito, que par celui de *toccra*, qui signifie en Quichua *terre blanche.*

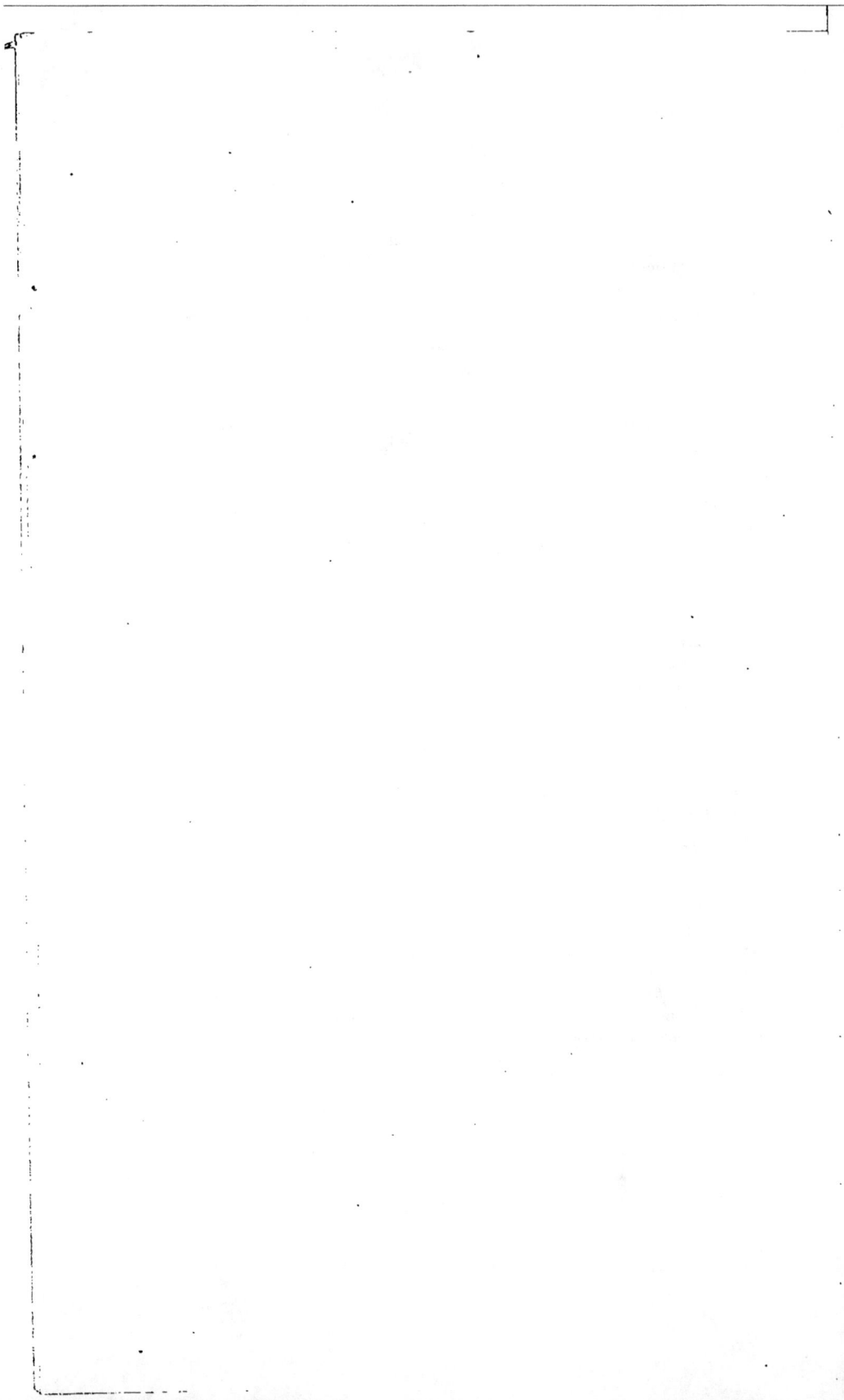

BIBLIOGRAPHIE.

—⟶◦⟵—

Blas Valera (Padre). — Son écrit, vraisemblablement le plus ancien de tous et dont Garcilaso fait le plus grand éloge, n'a pas été publié, mais il est également cité par Alonzo de la Peña Montenegro; nous n'avons pu en recueillir ni le titre, ni la date.

Fuchs (Leonhard). — *De historia stirpium*, lib. XVIII, p. 155, 1 vol. in-fol. Basileæ, 1542. — Traduction française, 1 vol. in-4°. Lyon, 1558.

Oviedo (Gonzalo-Fernandez de Oviedo y Valdes). — *Historia general y natural de las Indias, islas y tierra ferme del Mar Oceano*. Lib. II, cap. V, 1 vol. in-fol. Salamanca, 1547. — Réimprimé dans la collection de Barcia, intitulée : *Historiadores primitivos de las Indias occidentales*, 5 vol. in-fol. Madrid, 1759. — Traduction française par Jean Poleur, 1 vol. in-fol. Paris, 1556. — Voy. également la nouvelle édit. d'Oviedo, donnée par l'Acad. roy. de Madrid, 4 vol. in-fol., 1855.

Hernandez (Francisco). — *Rerum medicarum Novae Hispaniae thesaurus*, Pag. 502, 1 vol. in-4°. Romæ, 1551 ?

Cieça (Pedro Cieça de Leon). — *Primera parte de la Cronica del gran Reyno del Peru*, 1 vol. in-fol. Sevilla, 1555. — Traduction italienne, par Agostino de Cravalez, chap. 105, 1 vol. in-12. Venezia, 1576.

Zarate (Agustin de). — *Historia del descubrimiento y de la conquista del Peru*, 1 vol. in-8°. Amberes, 1555. — Traduction française, par S D. C., t. I, p. 45, 2 vol. in-12. Paris, 1774.

Levinus-Apollonius (*Gandobruganus, Mittelburgensis*). — *De Peruviae regionis, inter Novi-orbis provincias celeberrimæ, inventione et rebus gestis*, lib. I, p. 24, 1 vol. in-8°. Antverpiæ, 1557.

Benzoni (Hieronymus). — *De Peruanis*, dans l'*Historia del Mundo nuovo*. Lib. III, cap. 20, 1 vol. in-12. Venezia, 1565. — Traduction française, par Urbain Chauveton, 1 vol. in-8°. Avignon, 1579.

Frageso (Johan). — *Catalogus simplicium medicamentorum*, 1 vol. in-8°. Compluti, 1566. *Discursos de las cosas aromaticas que se traen de la India oriental.*, 1 vol. in-8°. Madrid, 1592. — Édition latine. Argentinæ, 1601.

Gomara (Francisco Lopez de). — *Historia de las Indias*, cap. CXCIII. — Dans les *Historiadores primitivos de las Indias occidentales*, t. II, pp. 178-179.

Monardes (Nicolaus). — *Historia medicinal de las cosas que se traen de* *las Indias occidentales que sirven al uso de Medicina*, II partides, 1 vol. in-4°. Sevilla, 1580. — Traduit en latin par Clusius, sous le titre de : *Simplicium medicamentorum ex novo orbe delatorum historia*, in-4°. Antverpiae, 1582.

Acosta (Jose de). — *Historia natural y moral de las Indias*, 1 vol. in-4°. Sevilla, 1590. — Traduction italienne. Lib. IV, cap. 22, p. 146, 1 vol. in-8°. Venezia, 1596. — Traduction française, par Rob. Regnault. Paris, 1616.

Clusius (Carolus) Atrebatis. — *Exoticorum* libri decem. Lib. I; pp. 177 et 340, 1 vol. in-fol. Antverpiae, 1601 et ibid., 1605. — Traduction française, par Anthoine Colin, 1 vol. in-12. Lyon, 1602.

Figueroa (Diego Davalos y). — *Miscellanea Austr.*, p. 152, 1 vol. Lima, 1602. (Ouvrage très-rare, je n'ai pu le consulter.)

Duret (Claude). — *Histoire admirable des plantes et herbes esmerveillables et miraculeuses en nature.* (Copie de Benzoni, de Monardes, d'Oviedo, d'Acosta, de Cieça, de Fuchs), p. 195, 1 vol. in-12 Paris, 1605.

Garcilaso de la Vega. — *Commentarios reales, que tratan de el origen de los Incas*, etc., primera y secunda parte, 2 vol. petit in-fol. Lisboa y Cordova, 1609-1617. — Traduct. française, par Baudoin, 2 vol. in-4°. Amsterdam, 1737.

Porres (Mathias de). — *Fruits et plantes du Pérou.* Lima, 1621. (Je n'ai pu le consulter.)

Arriaga (R.-P. José de). — *Estirpacion de la Idolatria del Piru*, pp. 16, 25, 26, 89, 98, 1 vol. pet. in-4°. Lima, 1621.

Bauhinus (Gaspardus). — *Pinax theatri botanici*, p. 469, 1 vol. in-4°. Basileae Helvetorum, 1623.

Laet (Jobannes de). — *Novus orbis, seu descriptiones Indiae occidentalis*, cap. XII, p. 400, 1 vol. in-fol. Lugd. Batavorum, 1633. (Copie de Monardes, d'Acosta et de Garcilaso.)

Eusebius Nierembergius (Johannes). — *Historia naturae, maxime peregrina.* Lib. IV, cap. XXV, fol. 304-305. Lib. XVI distinct., 1 vol. in-fol. Antverpiae, 1635.

Calancha (de la Fr. Augustin). — *Coronica moralizada de la Orden de San Augustin en el Peru.* Fol. 60, 1 vol. in-fol. Barcelona, 1639.

Osma (don Pedro de). — *Histoire naturelle du Pérou.* Lima, 1658. (Je n'ai pu le consulter.)

Dalechamp (Jacques). — *Histoire générale des plantes.* Tom. II, c. CXXXV, p. 745, 2 vol. in-fol. Lyon, 1663.

Pomet (Pierre). — *Histoire générale des drogues*, p. 160, 1 vol. in-fol. Paris, 1694.

Torquemada (Juan de). — *Monarquia Indiana*, 2ᵉ part. lib. XIV, c. XXIII, p. 579, 3 vol. in-fol. Madrid, 1723.

Garcia (Pad. Gregorio). — *Origen de los Indios del nuevo mundo e Indias occidentales*, p. 92, 1 vol in-4°. Madrid, 1729.

(159)

Herrera (Antonio de). — *Historia general de los hechos de los Castellanos en las Islas y tierra firme del Mar Oceano.* Decad. V, pp. 13, 44, 45, 74, 76, 77, 79, 92, 94; VI, p. 76; VII, 64; VIII, p. 98, 4 vol. in-fol. Madrid, 1730. — Reproduit dans les *Historiad. prim. de las Ind. occ.*, t. III, pp. 10 et 12.

Frézier (A.-F.). — *Relation du voyage de la Mer du sud aux côtes du Chili et du Pérou*, fait en 1712, 1713 et 1714, p. 246, 1 vol. in-4°. Paris, 1732 et 1741.

Solorzano (Juan de). — *Politica Indiana*, t. I, lib II, cap. X, p. 99, 2 vol. in-4°. Matriti., 1736.

Pinelo (Antonio de Leon). — *Question sobre el chocolate*, dans l'*Epitome de la biblioteca oriental y occidental, nautica y geografica*, 2de part. § 4, n° 6, p. 35, 2 vol. in-fol. Madrid, 1737.

Jaucourt (le chevalier de). — Art. *Coca*, dans l'*Encyclopédie française ou dictionnaire raisonné des sciences, des arts et des métiers*, t. III, p. 557, in-fol. Paris, 1753.

Peña Montenegro (Alonzo de la). — *Itinerario para Parochos de Indios*, lib. IV, tract. V, sect. VII, p. 570, 1 vol. in-4°. Amberes, 1754.

Johnston (Johann.). — *Historia naturalis de arboribus et plantis*, lib. V, p. 33, 2 vol. in-4°. Heilbronn, 1768.

Ortega (Casimiro). — *Resumen historico del primar viage hecho al rededor del mundo por Hernando de Magellanes*, p. 132, 1 vol. in-8°. Madrid, 1769.

Ulloa (Antonio de). — *Noticias Americanas.* Entretenimiento sexto, p. 111-112, 1 vol. in-8°. Madrid, 1772.

Raynal (Guillaume Thomas). — *Histoire philosophique et politique des établissements et du commerce européen dans les deux Indes*, t II, pp. 215-216, 4 vol. in-4°. Genève, 1780.

Lamarck (J.-B -P.-A.). — Art. *Coca* dans l'*Encyclopédie méthodique, Dictionnaire de botanique*, t. II, p. 393, in-4°. Paris, 1786.

Julian (Padre Antonio). — *Disertacion sobre Hayo o Coca* dans la *Perla de la America.* Lima, 1787. (Je n'ai pu le consulter.)

Alcedo (Antonio de). — *Diccionario geografico historico de las Indias occidentales o America*, fol. 93. Appendice au t. V, *Vocabulario de las voces provinciales de la America.* Art. *Hayo*, 5 vol. in-8°. Madrid, 1788.

Cavanilles (Ant. Josephus) — *Monadelphiae classis. Dissertat. decem cum Atlas.* Dissert. VIII, p. 399, 1 vol. in-4°. Matriti, 1789.

Calderon et **Robles**. *Traité sur les plantes du Pérou*, 1790. (Je n'ai pu le consulter.)

Crespo (Pedro Nolesco). — *Memoria sobre la coca*, in-8°. Lima, 1793. (Je n'ai pu le consulter.)

Unanué (Hipolito). — *Disertacion sobre el aspecto, cultivo, commercio y virtudes de la famosa planta del Peru nombrada coca* dans le t. XI du *Mercurio Peruano*, pp. 205-250. Lima, 1794. — A été copié dans le n° 8 de l'*Iris de la Paz*, sous le titre de *Descripcion del aspecto, cultivo, trafico, y virtudes de la coca*. La Paz, 1852.

Juan (Jorge) y **Ulloa** (Antonio de), — *Relacion historica del viage a la America meridional*, prim. part., t. II, lib. VI, cap. III, pp. 468, 469, 5 vol. in-4°. Madrid, 1798.

Nouveau dictionnaire d'histoire naturelle, art. *Coca* et *Erythroxylon coca*. t. V, pp. 90 et 556, in-8°. Paris, 1803.

P.-P. Sobreviela (Manuel) y **Barcelo** (Narciso). — Mémoire publié dans le *Mercurio peruano*. — Extrait et traduit en anglais, sous le titre de *Present state of Peru*, par John Skinner, London, 1805, et traduit en français avec notes, par P.-F. Hardy, sous le titre de *Voyages au Pérou faits en 1791 et 1794*, t. I, pp. 228 et 303, 2 vol. in-8°. Paris, 1809.

Ruiz (Hipolito) — *Quinologia*, p. 17, 1 vol. in-8°. Madrid, 1812.

Jussieu (Ant. Laurent de). — Art. *Coca*, dans le *Dictionnaire des sciences naturelles*, t. IX, p. 487, in-8°. Paris, 1817.

Humboldt (Alexandre de) et **Bonpland** (Aimé). — *Voyage aux régions équinoxiales du nouveau continent. Relation historique*, édit. in-8°, t. III, p. 201, 15 vol. Paris, 1817-1851.

Droulu de Bercy. — *L'Europe et l'Amérique comparées*, p. 558, 1 vol. in-8°. Paris, 1818.

Unanué (Hippolito). — *Communication to Mr Mitchil*, february, 1821, dans le *American Journal of sciences and arts*, t. III, p. 397, in-8°. New Haven, 1821, de Silliman. — Traduite en allemand dans le Journal de Gerson und Julius, intitulé *Magazin der ausländischen Literatur der gesammten Heilkunde*, t. III, p. 474. Hamburg. 1822.

Decandolle (Pyramus). — *Prodromus systematis naturalis, regni vegetabilis*, t. I, pp. 574-575, in-8°. Paris, 1824.

Stevenson (William). — *Historical and descriptive narrative of twenty years residence in south America*, 5 vol. in-8° avec planches. London, 1825. — Trad. française par Setier, t. II, chap. II, pp. 110-111, 5 vol. in-8°. Paris, 1828.

Brewster (David). — *Edinburghs Encyclopaedia*, t. IV, p. 218. Art. *Botany*, part. III, *Classification*. Art. *Erythroxylon coca*, 18 vol. in-4°. Edinburgh, 1830.

Merat et **de Lens**. *Dictionnaire universel de matière médicale et de thérapeutique générale*. Art. *Erythroxylon*, t. III, p. 148, 7 vol. in-8°. Paris, 1831.

Spix und Martius (Von). — *Reise in Brasilien*, t. I, p. 548, t. III, pp. 1196 et 1180 avec planche, 5 vol. in-4° et atlas. München, 1831.

Anonyme, *Analysis del Manifesto del Seor Pando*. p. 45, 1 broch. in-8°. Lima, 1831. (Je n'ai pu le consulter.)

Cochet (Alexandre). — *Note sur la culture et les usages de la coca. Journal de chimie médicale, de pharmacie et de toxicologie*, t. VIII, p. 475. Paris, 1852.

Pradier. — *Extrait d'un voyage dans les mers du Sud en 1831, 1832 et 1833*, dans le *Bulletin de la société des sciences, arts et belles-lettres du Var*, t. 1, p. 348. Toulon, 1855.

Pœppig (Édouard). — *Reise in Chile, Peru, und auf dem Amazonen-Strome während der Jahre 1827-1832*, t. II, pp. 209 et suiv., 2 vol. in-4°. Leipzig, 1836. — Des extraits en ont été insérés, dans le *Companion to the botanical Magazine de Hooker*, t. 1, p. 160. London, 1855 et dans le n° 35 du *Foreign. Quarterly Review*.

Hooker (W. Jans.). — *Companion to the botanical Magazine*, t. II, p. 25, avec planche. London, 1836.

D'Orbigny (Alcide). — *Voyage dans l'Amérique méridionale. Relation historique*, t. II, pp. 346 et 516, 5 vol. in-4°. Paris, 1839-1843.

Balboa. — *Histoire du Pérou*, traduite par Ternaux-Compan dans l'ouvrage intitulé *Voyages, relations et mémoires originaux sur l'Amérique*, chap. IV, p. 45, 1 vol. in-8°. Paris, 1840.

Martius (Fr. Ph. von). — *Beiträge zur Kenntniss der Gattung Erythroxylon*, dans les *Abhandlungen der Mathematisch-physikalischen Classe der königlich Bayerischen Akademie der Wissenschaften*. Zweite Abhandlung mit Figuren, t. III, pp. 326, 557, 567, in-4°. München, 1840-1841.

Martin de Bordeaux. — *Notice sur la coca du Pérou*, dans les *Actes de l'Académie des sciences et arts de Bordeaux*. 3me année 2me trimestre, pp. 185-207. Bordeaux, 1841.

Jussieu (Adrien de). — Art. *coca* et *Érythroxylées*, dans le *Dictionnaire universel d'histoire naturelle* (de d'Orbigny, Charles), t. IV, p. 41, t. V, p. 425, 15 vol. in-8°. Paris, 1841-1849.

Martius (Fr. Ph. von). — *Systema materiae medicae brasiliensis*, p. 61, 1 broch. in-8°. Lipsiæ, 1843.

Canstatt (C.). — *Jahres Bericht über die Fortschritte der gesammten Medicin in allen Ländren*. 2de année, 2me vol., t. IV, p. 560. Erlangen, 1845.

Valdez y Palacios (José Manoel). — *Viagem da cidade do Cuzco a de Belem dã grão Para, pe los rios Vilcamayu. Ucayale e Amazonas*, p. 79, 1 vol. in-8°, Rio Janeiro; 1844, 1845, 1846 Seul volume publié.

Tschudy (J.-J. von). — *Reiseskizzen aus Peru, in den Jahren 1838-1842*, t. II, p. 299, 2 vol. in-8°. St-Gallen, 1846. — Trad. anglaise sous le titre de *Travels in Peru*, 4 vol. in-8°. London, 1847.

Guibourt. — *Histoire naturelle des drogues simples*, t. III, p. 545, 4me édit. in-8°. Paris, 1850.

Schmidt. — *Jahrbücher der in-und ausländischen gesammten Medicin*, 71me vol., p. 44. in-8°. Leipzig, 1851.

Deville (Ch. Ste-Claire). — *Voyage dans l'Amérique méridionale.* — Extrait de ce voyage inédit dans le *Magasin pittoresque* (publ. par M. Charton), pp. 481-482, in-4°. Paris, 1851.

Castelnau (Francis de). — *Expédition dans les parties centrales de l'Amé-*

rique du Sud. Histoire du voyage, t. III, p. 348, t. IV, pp. 282-285, 6 vol. in-8°. Paris, 1851.

Chaix (Paul). — Histoire de l'Amérique méridionale au seizième siècle. Première partie, Pérou, t. I, pp. 178, 195 et 272, 2 vol. in-8°. Genève, 1853

Le Pérou. — Société franco-péruvienne des mines d'or de la province de Carabaya, 1 broch. Paris, 1853.

Weddell (H.-A.). — Voyage dans le nord de la Bolivie et dans les parties voisines du Pérou, pp. 514-533, 1 vol. in-8°. Paris, 1853. — Notice sur la Coca, sa culture, sa préparation, son emploi et ses propriétés, dans les Mémoires de la Société impériale et centrale d'agriculture, Ire partie, p. 141. Paris, 1853.

Oliveira (Henrique Velloso de). — Systema de materia medica vegetal brasileira. Art. coca, Rio de Janeiro, 1854. (Je n'ai pu le consulter.)

Prescott. — History of the conquest of Peru. 7me édit., p. 60, 1 vol. in-8°. London, 1854.

Bibra (Dr Ernst, Freyherrn von). Die narkotischen Genussmittel und der Mensch. Art. Coca, pp. 151-174, 1 vol. in-8°. Nürnberg, 1855.

OEsterlen (Fr.). — Handbuch der Heilmittellehre, p. 607. 6me édit, 1 vol. in-8°. Tubingen, 1856. (Citation de Tschudy, sur l'emploi de la coca dans le soroche.)

Mantegazza (Pablo). — Ymportancia dietetica y medecinal de la coca, dans El commercio Journal de Salta du 14 janvier 1857.

Villafane. — Oran y Bolivia a la margen del Bermejo, 1 broch. in-8°. Salta, 1857. (Je n'ai pu le consulter.)

Favre-Clavairoz (Léon). — La Bolivie, son présent, son passé et son avenir. Dans les livraisons 118, 119 et 120 de la Revue contemporaine, pp. 548, 562 et 735. Paris, 1857. Ne dit que quelques mots de la coca, quoiqu'il reconnaisse l'extension de son usage parmi les Indiens et la valeur de son commerce.

Dorvault. — L'officine ou Répertoire général de pharmacie pratique, p. 204, 5me édit., 1 vol. in-8°. Paris, 1858.

Angrand (Léonce). — Note sur la coca, dans Le Pérou avant la conquête espagnole, par Ernest Desjardins, p. 60, 1 vol. in-8°. Paris, 1858.

Nysten. — Dictionnaire de médecine, de chirurgie et de pharmacie, par Littré et Robin. (Édition revue et augmentée), t. I, p. 315, 2 vol. in-4°. Paris, 1858.

Mantegazza (Paolo). — Sulle virtu igieniche e medicinali della coca, p. 18, et de 21 à 75, 1 broch. in-8°. Milano, 1859; extraite des Annali universali di Medicina, t. CLXVIII, mars 1859. — Mémoire couronné en 1858. — Extrait dans le Journal de médecine de Janssens. Bruxelles, 1860.

Bollaert (William). — Antiquarian, ethnological and other researches in New Granada, Equador, Peru and Chile, pp. 163-168, 1 vol. in-8°. London, 1860.

Martin de **Moussy**. — *Description géographique et statistique de la confédération Argentine*, t. 1, p. 494, 5 vol. in-8°. Paris, 1860. (Les deux premiers volumes ont seuls paru.)

Niemann (Albert) aus Goslar. — *Uber eine neue organische Base in den Cocablättern. Inaugural dissertation. Viertel Jahrschrift für practische Pharmacie*, t. IX, 4ᵐᵉ cahier, 1860. Je n'ai pu le consulter.

Wöhler an. **W. Heidinger**. — *Uber das cocaïn, eine organische Base in der Coca*, 1 broch. in-8°. Wien 1860. Extrait du t. XI, p. 7 des *Comptes rendus de l'Académie impériale des sciences* de Vienne (classes de mathématiques et d'histoire naturelle). — Article reproduit dans le *Journal für practische Chemie* d'Erdmann et Werther, t. LXXXI, p. 129. Leipzig, 1860 et dans les *Annalen der Chemie und Pharmacie* de Liebig et Wöhler, t. CXIV, p. 213, Heidelberg und Leipzig, mai 1860. — Traduit en français dans le *Répertoire de pharmacie* de Bouchardat sous le titre *Sur l'alcaloïde du coca*, par Niemann, t. XVII, p. 105. Paris, sept. 1860, ainsi que dans le *Journal de pharmacie et de chimie*. 5ᵐᵉ série. Paris, juin, 1860, et enfin dans les *Annales de chimie et de physique*, t. LIX. 5ᵐᵉ série, p. 479. Paris, 1860; — traduit en anglais dans l'*American Journal of Pharmacie*, sous le titre de *A new Alcaloïd in Coca*, t. XXXII, p. 450. Philadelphia, 1860.

Scherzer (docteur Karl). — *Reise von Valparaiso nach Lima und über den Isthmus von Panama nach Europa*, dans le journal l'*Ausland*, n° 7, p. 151, Stuttgart, Augsburg, 1860, février. (Rapport à l'Académie impériale des sciences de Vienne.) — *Das Ausland*, n° 50. 5ᵐᵉ année, p. 1199, 1 vol. in-4°, *Uber die peruanische Coca*, Stuttgart und Augsburg, decemb. 1860.

Haller (C.). — *Observations on coca* dans la *Wiener Zeitschrift*. Wien, 1860. (Je n'ai pu le consulter.)

North american medico-surgical Review, t. II, p. 156. Philadelphia, 1861. (Je n'ai pu le consulter.)

Rossier (Dʳ H.) de Vevey en Suisse. — *Sur l'action physiologique des feuilles de coca*, dans l'*Écho médical* Journal de Neuchâtel, n° 8, p. 193. Avril 1861.

Schlefferdecker. — *Uber die Coca Pflanze*, dans les *Schriften der königlichen physikalisch aeconomischen Gesellschaft zu Königsberg*. 1ʳᵉ année, 2ᵐᵉ fascicule. (Compte rendu de la société), p. 22, 1 vol. in-4°. Königsberg, 1860-1861.

Kosmos. — *Zeitschrift für angewandte Naturwissenschaft*. Art. *Die Coca und ihr Einfluss*, 4ᵐᵉ année, n° 11, p. 185, in-fol. Leipzig, 1860. — *Dublin medical Press*. Art. *On the coca leaves, a new stimulant*. Dublin, 28 aug. 1861, p. 159. — Extrait du *Philosophical Observer*.

Grandidier (Ernest). — *Voyage dans l'Amérique du Sud. Pérou et Bolivie*, pp. 70, 109-113, 1 vol. in-8°. Paris, 1861.

Marcoy (Paul). — *Scènes et paysages dans les Andes*, t. 1, pp. 66, 289; t. II, pp. 81, 91, 210, 2 vol. in-8°. Paris, 1861.

TABLE DES MATIÈRES.

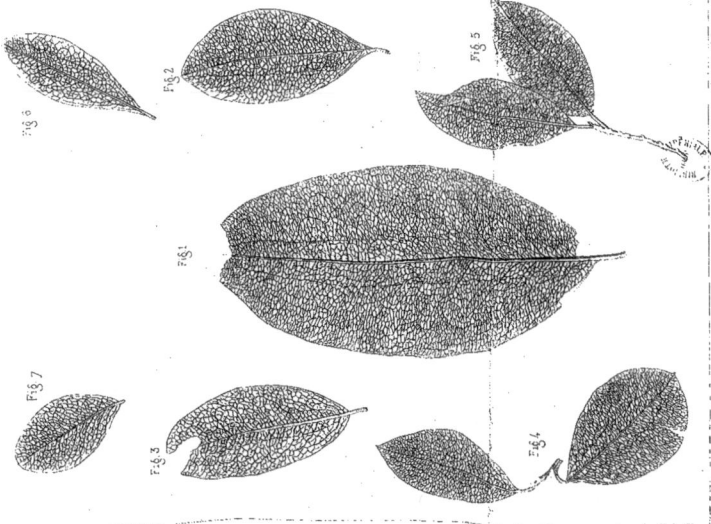

FEUILLES D'ERYTHROXYLON VUES PAR TRANSPARENCE.

Fig 1. Coca du Commerce / *Erythroxylon coca* /

Fig 2. Coca des Montañas de Cuzco /*Herbier Rusby*/

Fig 3. Coca des Yungas de Bolivie /*Herbier Weddell*/

Fig 4. Coca au Cuchero au Pérou /*Herbier Poeppig*/

Fig 5. Coca de la Haute Magdalena à la Nouvelle Grenade /*Herbier Triana*/

Fig 6. Coca de la Basse Magdalena à la Nouvelle Grenade /*Herbier Triana*/

Fig 7. Hemerias, Nouvelle Grenade /*Herbier Rusby*/

Imp. Alfred Lemercier & Boursodet 57 Paris

ESMERALDA CIDA